VIRTUAL · REALITY

虛擬實境
輕鬆入門

VR遊戲╳虛擬醫療╳智慧車╳場景行銷

劉向東　　編著

0基礎也能超速掌握虛擬實境

精準剖析醫療健康、娛樂遊戲、城市建設、旅遊、房地產、

影音媒體、能源模擬、工業生產8個產業中，虛擬實境的重大應用！

U0078267

目錄

目錄

目錄

第 6 章　應用：當 VR 出現在不同領域

第 8 章　打破：VR 企業如何突破瓶頸

目錄

前言

■ 寫作驅動

無論你是即將進軍虛擬實境產業的創業者，還是虛擬實境產業相關領域的從業人士，都在面臨著巨大的挑戰和商機。

網路時代，虛擬實境的浪潮席捲而來，虛擬實境的元年已經到來，在這個發展的最好時期，我們該如何應對？

本書是一本全面揭祕虛擬實境技術、AR 技術、虛擬實境企業老闆布局、虛擬實境產品、虛擬實境 APP、行銷方式和應用的專著，特別是對虛擬實境在各個產業的應用，作了詳細深入的闡述，幫助讀者從實戰的角度更深刻地了解虛擬實境產業的動態和發展，同時為使用者介紹了企業是如何突破虛擬實境領域的瓶頸，使讀者加深對虛擬實境的了解。

本書緊扣主題，從橫向線和縱向線兩方面全面解析，讓你輕鬆讀懂虛擬實境！

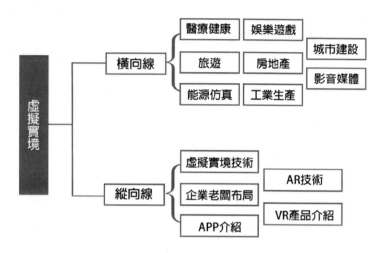

■ 本書特色

本書主要特色：內容為王＋實戰最強。

(1) 內容為王：內容涵蓋廣，簡單易懂全面，透過 9 個專題內容的詳解，8 個虛擬實境 APP 介紹、11 個完美單品介紹、11 個優秀企業布局，將虛擬實境相關知識全面展現在讀者面前。

(2) 實戰最強：為了讓讀者對虛擬實境更加了解，本書透過對 8 個產業領域的虛擬實境案例展示，提供了可借鑑的實戰應用。

■ 適合人群

本書結構清晰、語言簡潔、圖解豐富，尤其是對於諸多成功虛擬實境產業作了深入剖析，內容十分全面，適合虛擬實境平臺的管理者、虛擬實境產業的從業者、有意從事虛擬實境產業的人士、進軍虛擬實境產業的創業者，以及虛擬實境產業相關領域的從業人士。

編者

第 1 章　簡介：虛擬實境的發展與
　　　　特點

第 1 章　簡介：虛擬實境的發展與特點

2016 年被稱為虛擬實境的元年，虛擬實境最大產品規模的誕生，意味著虛擬實境時代來臨了，而伴隨虛擬實境的來臨，人類未來科技產業也必然發生重大變化，本章一起來了解虛擬實境的基礎知識和內容。

1.1　必須掌握的概念

HoloLens 是微軟推出的一款頭戴式裝置，細心的人發現，微軟在介紹這部頭戴式裝置時，用的是「混合實境」（Mixed Reality）這個詞，而非大家所慣用的「擴增實境」（Augmented Reality）這個詞。

為此，我們就需要弄清楚虛擬實境設備、擴增實境設備、混合實境設備的區別。

1.1.1　什麼是虛擬實境

首先，筆者為大家介紹虛擬實境。對於大多數人來說，在這個世界上，有很多無法實現的夢想，例如逃離密室、在沙漠中旅行、潛入海底、飛上月球等，但是現在有一種技術，這種技術能夠幫助人們感知世界上的一切，可以讓人們置身於任何場景中，就像親身經歷一般。這種技術是什麼呢？它就是虛擬實境技術。

虛擬實境（Virtual Reality, VR）一詞最初是在 1980 年代初提出來的，它是一門建立在電腦圖形學、電腦模擬技術學、感測技術學等技術基礎上的交叉學科。

直白地說，虛擬實境技術就是一種模擬技術，也是一門極具

挑戰性的尖端交叉學科，它透過電腦，將電腦模擬技術與電腦圖形學、人機介面技術、感測技術、多媒體技術相結合，生成一種情境，這種虛擬的、融合多源資訊的 3D 立體動態情境，能夠讓人們沉浸其中，就像經歷真實的世界一樣。

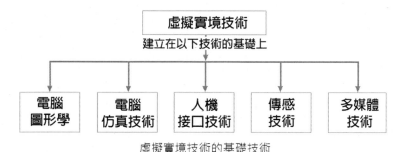

虛擬實境技術的基礎技術

那麼什麼是虛擬實境設備呢？虛擬實境設備與 Oculus Rift、HTC Vive 兩類設備相比，其知名度是最高的，大家熟知的 Oculus Rift、HTC Vive 等設備都屬於虛擬實境設備。

專家提醒

可以說，VR 設備其實就是頭戴式的顯示設備，它可以為使用者提供一個完全虛擬卻又十分逼真的情境，如果再配合動作感測器，就能夠從視覺、聽覺以及觸感上為使用者營造一個讓人完全沉浸的空間，讓人類的大腦感覺到自己就處在這樣的世界裡。

1.1.2 什麼是擴增實境

什麼是擴增實境？擴增實境（Augmented Reality, AR）其實是虛擬實境的一個分支，它主要是指把真實環境和虛擬環境疊加在一起，然後營造出一種現實與虛擬相結合的 3D 情境。

第 1 章　簡介：虛擬實境的發展與特點

　　擴增實境技術是一種將真實世界的資訊和虛擬世界的資訊進行「無縫」連結的新技術，透過電腦等技術，將現實世界的一些資訊透過模擬後進行疊加，然後呈現到真實世界的一種技術，這種技術使得虛擬資訊和真實環境共同存在，大大強化了人們的感官體驗。

　　擴增實境和虛擬實境類似，也需要透過一部可穿戴設備來實現情境的生成，例如 Google 眼鏡或 EpsonMoverio 系列的智慧眼鏡，都能實現將虛擬資訊疊加到真實場景中，從而實現對現實強化的功能。

　　和虛擬實境相比，擴增實境的工作方式是在真實世界當中疊加虛擬資訊，同時，擴增實境技術包含了多種技術和方法。

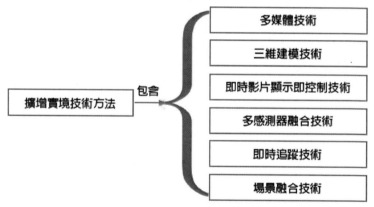

擴增實境技術包含的技術和方法

　　就實用性來說，擴增實境技術比虛擬實境技術的實用性更強，擴增實境技術主要具有 3 個突出的特點。同時，擴增實境可廣泛應用到軍事、醫療、建築、教育、工程、影視、娛樂等領域。

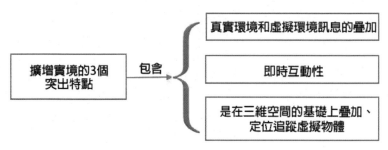

擴增實境的 3 個突出特點

　　本書在後面的章節，將會對擴增實境技術進行更為詳細的介紹。

1.1.2　什麼是混合實境

　　在虛擬實境、擴增實境和混合實境 3 種技術中，最不為人知的一種技術就是混合實境技術（Mixed Reality, MR），該技術就是在現實場景中導入虛擬物體或虛擬資訊，達到提高使用者體驗感的目的。

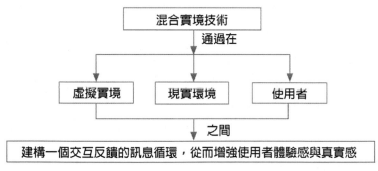

混合實境技術的相關分析

　　雖然混合實境技術最不為人知，但卻是 3 種技術中最容易進入市場的一種技術。和其他兩種技術相比，混合實境技術的最大特點

是靈活性，而虛擬實境的最大特點是臨場感，擴增實境的最大特點是實用性。

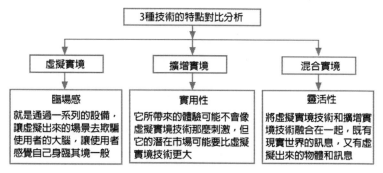

3 種技術的特點對比分析

2016 年，一款非常有趣的遊戲誕生了，它就是——Pokémon GO。

這款遊戲一問世，就受到了人們的熱烈追捧，它最大的特色就是能夠讓遊戲玩家在現實中透過手機捕捉到可愛的寶可夢（舊稱寶可夢），它不僅能夠激起人們的遊戲心理，還能激發人們對動畫的追憶。

有些人認為，Pokémon GO 並不是真正的擴增實境遊戲，那麼它是什麼呢？有人覺得它應該是混合實境遊戲。接下來讓我們來看看擴增實境和混合實境的規則對比。

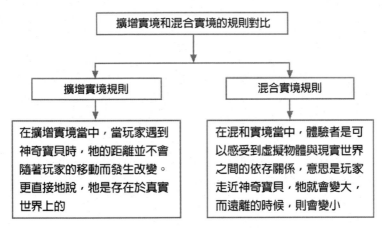

擴增實境和混合實境的規則對比

透過擴增實境與混合實境的對比，可以發現兩者之間最大的區別是「透視法則」。什麼是「透視法則」？這是素描中常常聽到的一個詞語，該法則能夠幫助人們在平面的紙上看到 3D 的立體視覺效果，就像現實的一部分一樣。

因此，混合實境就是遵守現實的「透視法則」的一種技術，讓虛擬資訊和現實環境融為一體，並且虛擬資訊和現實世界之間存在著一定的依存關係。不過，就目前來說，混合實境的相關研究還需要更進一步的證實和探討。

1.2　VR 的 4 個特點

虛擬實境技術是多種技術的結合，因此，它具有下圖的 4 個特徵。

第 1 章　簡介：虛擬實境的發展與特點

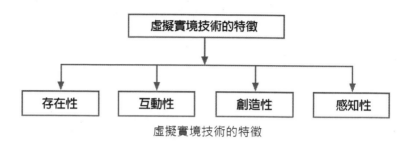

虛擬實境技術的特徵

下面為讀者具體介紹虛擬實境的這些主要特徵。

1.2.1　VR 之存在性

虛擬實境技術是根據人類的各種感官和心理特點，透過電腦設計出來的 3D 影像，它的立體性和逼真性，讓人一戴上互動設備就如同身臨其境，彷彿與虛擬環境融為一體了，最理想的虛擬情境是讓人分辨不出環境的真假。

1.2.2　VR 之互動性

虛擬實境中的互動性是指人與機器之間的自然互動，人透過滑鼠、鍵盤或者感測設備感知虛擬情境中的一切事物，而虛擬實境系統能夠根據使用者的五官感受及運動，來調整呈現出來的影像和聲音，這種調整是即時的、同步的，使用者可以根據自身的需求、自然技能和感官，對虛擬環境中的事物進行操作。

1.2.3　VR 之創造性

虛擬實境中的虛擬環境並非是真實存在的，它是人為設計創造出來的，但同時，虛擬環境中的物體又是依據現實世界的物理運動定律而運動的，例如虛擬街道場景，就是根據現實世界的街道運動定律而設計創造的。

1.2.4　VR 之感知性

　　在虛擬實境系統中，通常裝有各種感測設備，這些感測設備包括視覺、聽覺、觸覺上的感測設備，未來還可能創造出味覺和嗅覺上的感測設備，除了五官感覺上的感測設備之外，還有動覺類的感測設備和反應裝置，這些設備讓虛擬實境系統具備了多感知性功能，同時也讓使用者在虛擬環境中獲得多種感知，彷彿身臨其境一般。

1.3　VR 的 4 個分類

　　按照功能和實現方式的不同，可以將虛擬實境系統分成 4 類，如下圖所示。

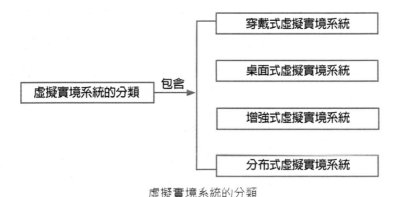

虛擬實境系統的分類

1.3.1　虛擬實境分類一：穿戴式

　　穿戴式虛擬實境系統又被稱為「沉浸式虛擬實境系統」，人們透過頭盔式的顯示器等設備，進入一個虛擬的、創新的空間環境中，然後透過各類追蹤器、感測器、資訊手套等感測設備，參與到

21

這個虛擬的空間環境中。

　　穿戴式虛擬實境系統的優點和缺點如下圖所示。

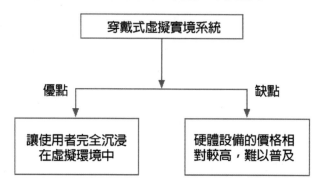

穿戴式虛擬實境系統的優點和缺點

1.3.2　虛擬實境分類二：桌面式

　　桌面式虛擬實境系統主要是利用電腦或初級工作站進行虛擬實境工作，它的要求是讓參與者透過諸如追蹤球、力矩球、3D 控制器、立體眼鏡等外部設備，在電腦螢幕上觀察並操縱虛擬環境中的事物。

　　桌面式虛擬實境系統的優點和缺點如下圖所示。

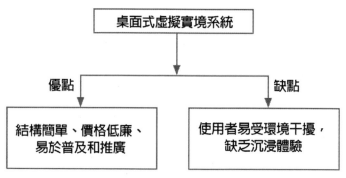

桌面式虛擬實境系統的優點和缺點

1.3.3　虛擬實境分類三：強化式

強化式虛擬實境系統其實就是筆者在前面提到的擴增實境技術，強化式虛擬實境系統大大地強化了人們的感官體驗。

1.3.4　虛擬實境分類四：分布式

分布式虛擬實境系統又稱共享式虛擬實境系統，它是一種基於網路連接的虛擬實境系統，它是將不同的使用者透過網路連接起來，共同參與、操作同一個虛擬世界中的活動。例如，異地的醫學生可以透過網路在虛擬手術室開刀；不同的遊戲玩家可以在同一個虛擬遊戲中交流、打鬥或組團。

分布式虛擬實境系統的特點包括以下幾點。

- 資源共享。
- 虛擬行為真實感。
- 即時互動的時間和空間。
- 與他人共享同一個虛擬空間。
- 允許使用者自然操作環境中的對象。
- 使用者之間可以以多種方式交流。

第1章　簡介：虛擬實境的發展與特點

第 2 章　技術與研究：虛擬實境的技術與研究狀況

虛擬實境技術系統包括模擬環境系統、感知系統和感測設備等，它是多種技術的綜合，主要包括：即時 3D 圖形生成技術、立體顯示技術、感測回饋技術、語音輸入輸出技術等。本章主要為大家介紹支撐虛擬實境的技術系統和國際的研究狀況。

2.1　虛擬實境技術系統的組成

虛擬實境技術系統的組成主要包括如下圖所示的幾方面。

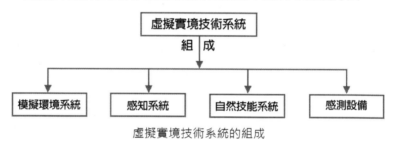

虛擬實境技術系統的組成

下面筆者重點為大家介紹虛擬實境技術系統的組成。

2.1.1　模擬環境系統

虛擬實境的模擬環境系統就是虛擬情境，是由電腦生成的動態 3D 立體影像，其最大的特點是逼真，包括水環境系統模擬、空間環境系統模擬、建築環境系統模擬等多維度的內容。

例如，在虛擬實境城市中，需要模擬的環境系統包括交通道路、大廈、天空、地標建築、樹木花草、公園、河流等，只有將這些虛擬情境透過系統模擬出來，才能讓人們看到逼真的視覺效果。

　　再如，在遊戲的虛擬情境中，開發者就要將遊戲相關的環境給模擬出來，讓玩家在遊戲中身臨其境，例如 Oculus Rift 平臺上的一款《無處可逃》（Edge of Nowhere）遊戲，主角要翻越一座座未知的山峰，然後在絕境中化險為夷。在這款虛擬實境遊戲中，就需要將驚險的山峰環境模擬出來，讓玩家身臨其境。

2.1.2　感知系統

　　在虛擬實境系統中，使用者可以透過虛擬實境頭盔看到一個虛擬的物品，但是卻無法抓住它，因為它是不存在的，只是一個虛擬的東西，但是利用感知系統，使用者可以感受到這個物品，並且用手抓住它，就好像它真的存在一樣。

　　什麼是感知系統？感知系統是幫助使用者對虛擬情境產生感覺的系統，除了電腦圖形技術生成的視覺感知外，還有聽覺、觸覺、力覺、嗅覺和味覺等一切人類感知。例如，要解決觸覺這一問題，在虛擬實境中最常用的方式是模擬觸覺，即在手套內安裝一些可振動的觸點，當人們在實行某些動作的時候，這些觸點就會啟動，讓人感覺像真實的觸感一樣。

2.1.3　自然技能系統

　　在虛擬實境中，還需要一個能夠處理人頭部動作、眼睛、手勢行為的系統，這個系統就是自然技能系統，該系統的主要原理是：透過處理與參與者的動作相適應的一系列數據，將處理後的資訊運作到整個虛擬實境系統中，讓虛擬實境系統對該使用者的輸入做出即時回饋，並送達使用者的五官中。

2.1.4　感測設備

在虛擬實境中，感測設備是非常重要的一類裝置，它被廣泛地應用在虛擬實境中，虛擬實境中的感測設備主要包括兩部分，如下圖所示。

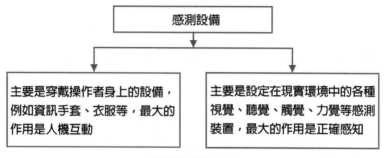

感測設備的組成

感測器主要用於傳達觸覺和力覺方面的感知，當使用者穿上資訊手套、衣服之後，能夠在虛擬實境情境中，感受到虛擬的事物，並產生觸覺和力覺方面的感知。

專家提醒

> 感測器在慣性動作擷取系統的應用包括：加速計、陀螺儀、磁力計、近距離感測器等。

2.2　虛擬實境的根基

虛擬實境技術就是虛擬實境的根基，它有哪些呢？本節主要為大家介紹以下幾類虛擬實境技術，如下圖所示。

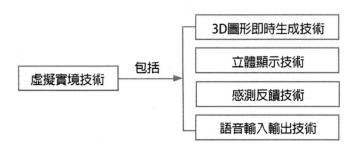

虛擬實境技術

2.2.1　3D 圖形即時生成技術

現在，利用電腦模型產生 3D 圖形的技術已經十分成熟，但是在虛擬實境系統中，要求這些 3D 圖形能夠達到即時的目的卻並不容易。

例如在飛行虛擬系統中，想要達到即時的目的，那麼影像的更新頻率就必須達到一定的速度，同時對影像的品質也有很高的要求，再加上複雜的虛擬環境，想要實現即時 3D 圖形生成就十分困難了。因此，圖形更新頻率和圖形品質的要求是該技術的主要內容。

2.2.2　立體顯示技術

在虛擬實境系統中，使用者戴上特殊的眼鏡，兩隻眼睛看到的影像是單獨產生的，例如一隻眼睛只能看到奇數幀影像，另一隻眼睛只能看到偶數幀影像，這些影像分別顯示在不同的顯示器上，這樣奇數幀、偶數幀之間的不同就在視覺上產生了差距，從而呈現出立體感效果。

因為廣角立體顯示技術，讓人們能夠感受到逼真、立體的虛擬

實境畫面，在視覺感知方面，虛擬實境已經做得十分成熟了，當使用者戴上頭盔後，就能在虛擬環境裡體驗到豐富的視覺效果，例如看到立體的恐龍、月球表面、海裡的鯊魚等。

2.2.3　感測回饋技術

在虛擬實境系統中，使用者可以透過一系列感測設備對虛擬世界中的物體進行五感的體驗。

例如，使用者透過虛擬實境系統看到了一個虛擬的杯子，在現實生活中，人們的手指是不可能穿過任何杯子的「表面」的，但在虛擬實境系統中卻可以做到，並且還能感受到握住杯子的感覺，這就是感測回饋技術實現的觸覺效果，通常人們要佩戴安裝了感測器的資訊手套。

2.2.4　語音輸入輸出技術

在虛擬實境系統中，語音的輸入輸出技術就是要求虛擬環境能聽懂人的語言，並能與人即時互動，但是要做到這一點是非常困難的，必須解決效率問題和正確性問題。

除了虛擬環境與人進行即時互動之外，在虛擬實境中，語音的輸入輸出技術還包括使用者聽到的立體聲音效果。

音效是很重要的一個環節，現實中，人們靠聲音的相位差和強度差來判斷聲音的方向，因為聲音到達兩隻耳朵的時間或距離有所不同，所以當人們轉頭時，依然能夠正確地判斷出聲音的方向，但是在虛擬實境中，這一理論並不成立。因此，如何創造更立體、更自然的聲效，來提高使用者的聽覺感知，創造更真實的虛擬情境，是虛擬實境需要解決的問題。

著名德國耳機廠商森海塞爾（Sennheiser）就拿出了一套解決方案，來展示聲音對於虛擬實境的重要性，這套解決方案的名稱叫做「Ambeo」。Ambeo 是什麼？用森海塞爾 CEO 的話來說，它就是一種針對不同類型環境的音訊傘，在虛擬實境的應用中，Ambeo 帶來的音效無比震撼，讓人身臨其境。

2.3　國際研究狀況

虛擬實境技術已經被應用在各國的各種領域，例如醫療領域、遊戲領域、軍事航太領域、房產開發領域、室內設計領域等，本節將為讀者介紹虛擬實境技術在各國的研究及應用情況。

2.3.1　歐亞研究狀況

關於虛擬實境技術在國外的研究成果和發展，主要以美國、英國和日本為例進行闡述。

1．美國

美國是虛擬實境技術的發源地，研究能力基本上可以代表國際虛擬實境技術的發展水準，目前美國在該領域的基礎研究主要集中在如下圖所示的 4 個方面。

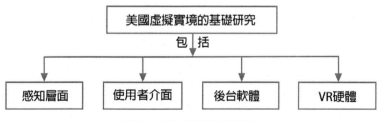

美國在 VR 領域的基礎研究

美國航太總署的 Ames 實驗室的研究內容主要包括如下圖所示的幾點。

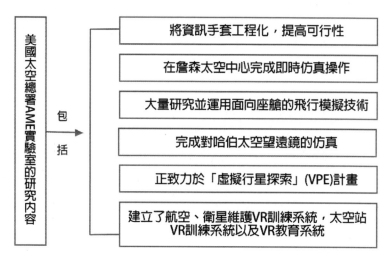

美國航太總署的 Ames 實驗室的研究內容

除了航太總署在虛擬實境領域的研究以外，美國各個大學也在這方面發展更深入的研究，如下圖所示。

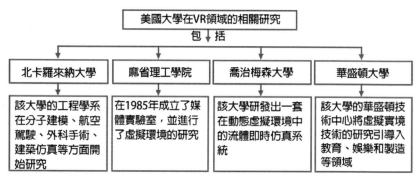

美國大學在 VR 領域的相關研究

2・英國

英國主要在分布並行處理、輔助設備（包括觸覺回饋）設計和應用研究等方面領先，到 1991 年年底，英國已經有 4 個從事 VR 技術的研究中心。

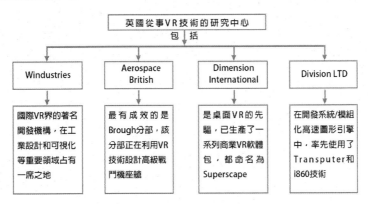

英國的 4 個從事 VR 技術的研究中心

3・日本

日本主要致力於大規模的 VR 知識庫的研究和虛擬實境遊戲方面的研究，主要的研究內容如下圖所示。

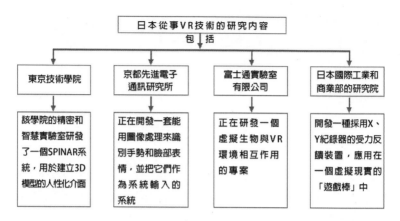

日本從事 VR 技術的研究內容

除了以上這些企業外，東京大學的各個研究所也在這方面展開了深入的研究，如下圖所示。

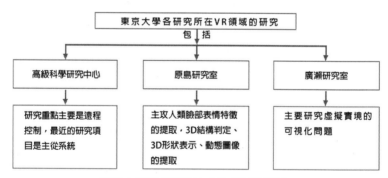

東京大學各研究室在 VR 領域的研究

4·中國

雖然中國在 VR 領域的研究起步較晚，但是隨著高科技的發展和網路應用的擴展，VR 技術目前已經引起了中國科學家的高度重視。

　　中國一些院校也在這方面展開了深入研究，譬如北京航空航天大學，研究了包括如下圖所示的內容。

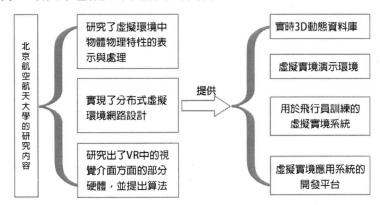

北京航空航太大學在 VR 領域的研究內容

　　除了北京航空航天大學在 VR 領域展開了研究之外，很多其他大學也在這方面展開了研究，如下圖所示。

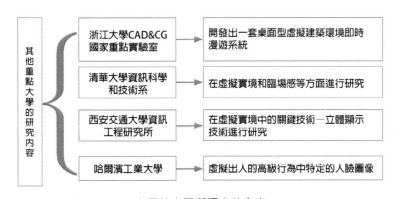

中國的大學所研究的內容

2.3.2　虛擬實境應用領域

　　21 世紀，虛擬實境技術作為一門科學技術會越來越成熟，並

且在各行各業都會得到廣泛應用，這主要源於以下兩方面原因。

虛擬實境方案成本在降低。

虛擬實境的商業模式和生態鏈正在慢慢成熟。

未來，虛擬實境技術會在如下圖所示的產業中發揮巨大優勢。

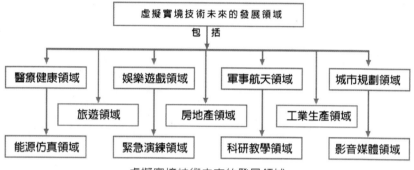

虛擬實境技術未來的發展領域

第 3 章　AR：把虛擬實境套在現
　　　　實世界中

　　擴增實境，它是一種將真實世界的資訊和虛擬世界的資訊，
透過電腦技術，模擬模擬後再疊加，實現「無縫」整合的新
技術。本章筆者主要為大家介紹擴增實境技術的知識。

3.1　擴增實境闡述

　　在前面的章節，筆者對擴增實境的概念有了一定的闡述。什麼
是擴增實境技術？擴增實境技術就是將現實資訊和虛擬資訊集合起
來的一種技術。下面將從組成形式和工作原理兩個方面對擴增實境
進行詳細闡述。

3.1.1　組成形式

　　通常來說，不論是虛擬實境系統，還是擴增實境系統，都是由
一系列緊密聯繫的硬體、軟體協同實現目標的。對於擴增實境系統
來說，主要的組成形式如下圖所示。

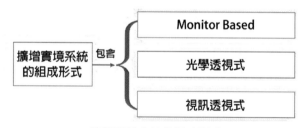

擴增實境系統的組成形式

下面筆者將對這 3 種組成形式進行簡單介紹。

1．Monitor Based

Monitor Based 擴增實境系統是一套最簡單實用的 AR 實現方

案,其主要原理如圖所示。

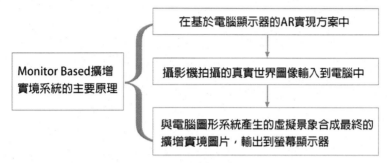

Monitor Based 擴增實境系統的主要原理

Monitor Based 擴增實境系統是被研究者採用最多的一種系統,因為這套方案對硬體的要求比較低,這是 Monitor Based 系統的優勢,但是 Monitor Based 系統也有缺點,它不能為使用者帶來太多的沉浸感。

2.光學透視式和視訊透視式

在擴增實境系統中,為了強化使用者的沉浸感,研究者們也採用了類似的顯示技術,即它就是頭戴式顯示器(Head-mounted Displays),而且根據具體實現原理,可以將頭戴式顯示器分為兩大類,如下圖所示。

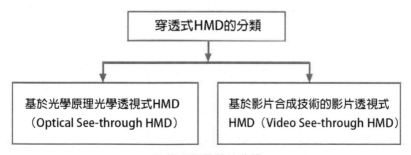

頭戴式顯示器的分類

3‧三種組成形式的資訊傳輸通道

在 Monitor Based 系統方案和視訊透視式系統方案中，輸入電腦中資訊的有兩個通道傳輸，如下圖所示。

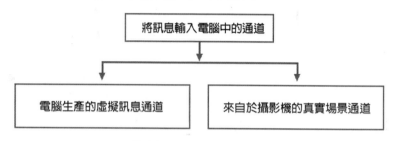

將資訊輸入電腦中的通道

而光學透視頭戴顯示器（Optical See-through HMD）的實現方案，如下圖所示。

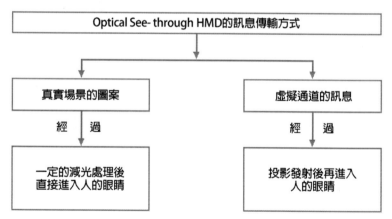

Optical See-through HMD 的資訊傳輸方式

4‧3 種組成形式的比較

在性能上，3 種組成形式各有利弊，下面從兩個方面介紹。

1）系統延遲對比

- 在 Monitor Based 擴增實境系統和視訊透視式系統中，因為是透過攝影機來獲取真實場景的影像，然後在電腦中實現虛擬實境影像的合成和輸出，所以最大的利弊如圖所示。

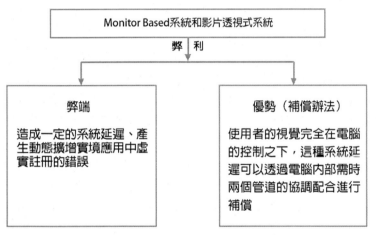

Monitor Based 系統和視訊透視式系統的利弊

- 基於光學透視式的虛擬實境系統中，由於真實場景影像不受電腦控制，因此沒有辦法補償系統延遲。

2）虛實定位的輔助對比

對於虛實定位的輔助對比情況如下圖所示。

41

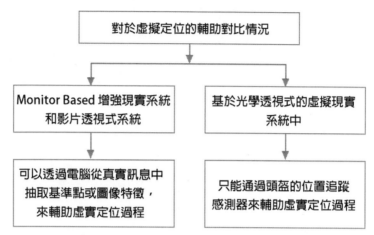

對於虛實定位的輔助對比情況

3.1.2　工作原理

　　在早期，擴增實境系統的基本理念就是將感官強化功能添加到真實環境中，看似很簡單，其實不然，後來，有研究者對擴增實境的工作原理進行了完善，如下圖所示。

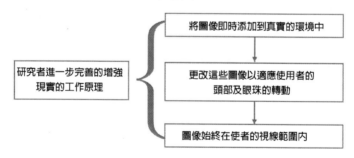

研究者進一步完善的擴增實境的工作原理

　　通常，想要讓擴增實境系統正常工作需要 3 個要件，這 3 個要件和它們的重要作用如下圖所示。

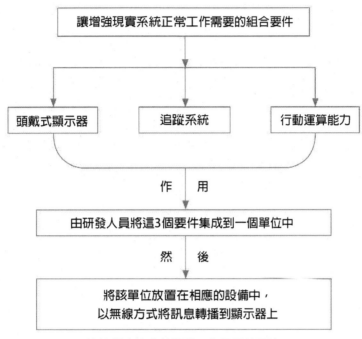

讓擴增實境系統正常工作需要的要件

下面來了解一下這個系統中的每個要件。

1‧頭戴式顯示器

頭戴式顯示器能顯示出影像資訊和色彩資訊，有頭盔形式的，也有眼罩形式的。

頭戴式顯示器可以被應用在很多方面，最常應用的領域如下。

* 遊戲領域
* 醫學領域
* 軍事領域
* 娛樂領域

應用在遊戲領域主要是為了增加玩家的趣味性和逼真效果，讓玩家在遊戲中體驗到「身臨其境」的感覺。

應用在醫學領域主要是為了給醫生提供絕佳的實驗、觀看和感知的條件，例如 SONY 公司發布的一款醫療頭戴式顯示器（型號：HMM-3000MT），這款頭戴式顯示器能夠幫助醫生察看病人體內的病理影像，比起傳統的顯示器查看方式，這種方式在診療距離和診療方式上更加利於醫生診療。

應用在娛樂領域主要是體現在影視、音樂、比賽等方面，讓人們在旅途中可以享受到無比震撼的視覺盛宴。

在軍事上主要應用於航空。

專家提醒

> 頭戴式顯示器的主要原理是：透過光學系統放大超微顯示器上的影像，然後再近距離將畫面投射到人的眼睛裡。

2．追蹤系統

在擴增實境中，用來擷取人頭部運動的頭部追蹤系統是一個非常重要的系統，其實現主要有兩種方式，如下圖所示。

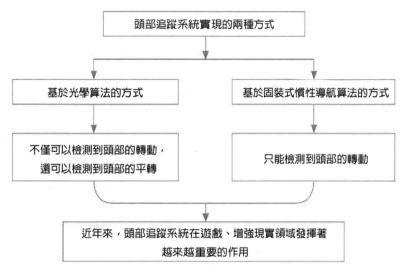

頭部追蹤系統實現的兩種方式

3‧行動運算能力

　　隨著行動通訊、網路等技術的興起,行動運算也漸漸發展成為一門新興技術。在計算技術研究領域中,行動運算是一個焦點,它憑藉著範圍廣、多學科交叉等特點成為對未來產生深遠影響的四大技術之一。行動運算的核心理論如下圖所示。

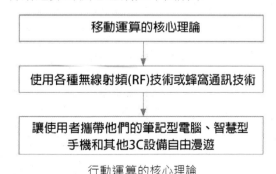

行動運算的核心理論

行動運算技術的主要作用包括兩點，如下圖所示。

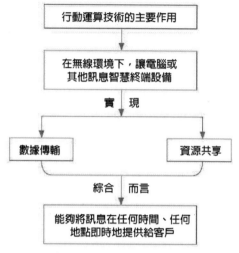

行動運算技術的主要作用

　　與固定網路上的分散運算相比，行動運算主要具有以下幾大特點，如下圖所示。

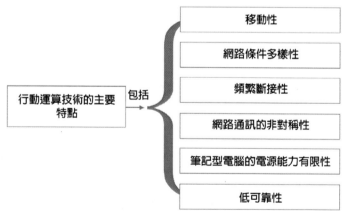

行動運算技術的主要特點

目前擴增實境系統的資訊轉播能力，都是透過行動運算能力來處理的，它能夠在無線的情況下，將資訊轉播到顯示器上，然後讓人們在顯示器上看到流暢清晰的擴增實境影像。

3.2 擴增實境相關的介紹

與擴增實境相關的產品有很多，譬如擴增實境遊戲 Ingress、智慧設備 Google Glass、頭戴式顯示器、視訊透視式顯示器、追蹤系統、圖形處理器等，頭戴式顯示器、視訊透視式顯示器和追蹤系統在前面的內容中已講解，下面為大家介紹其他內容。

3.2.1 擴增實境遊戲 Ingress

擴增實境遊戲 Ingress 是由 Google 自家工作室 Niantic Labs 發布的一款擴增實境遊戲。這款基於地圖移動線上遊戲，可以連接全世界的玩家，在該擴增實境遊戲中，玩家可以選擇自己喜歡的兩種角色，這兩種角色互相對立，分別是「啟蒙軍」和「反抗軍」。

這款遊戲主要是透過在地圖上將能量熱點區域連接，然後創建能量塔，從而實現在現實生活中戰鬥。

在遊戲的宣傳片中，Google 透過大量的鏡頭來描繪智慧型手機對人們生活的影響，它將改變人們的生活習慣，也將改變人們的交流方式，例如：

- 聚餐的時候，不再像從前那樣熱鬧喧囂，而是每個人都在低頭看手機。
- 選擇去 KTV 或者戶外場所開展休閒娛樂活動的人少了，大家都在家裡，隔著螢幕與另一端的人們交流。

第 3 章　AR：把虛擬實境套在現實世界中

　　智慧型手機闖進了人們的視野，然後改變了人們的生活習慣，而為了提高人們的虛擬互動體驗，一種新技術誕生了，它就是擴增實境技術，然後 Ingress 發布了，遊戲宣傳片中的標語是：你所看到的世界並不是真實的模樣⋯⋯

　　當人們進入遊戲的時候，首先需要根據劇情選擇自己的陣營，基於 Google 強大的地圖屬性，Ingress 的背景就是在地球上，遊戲的主要模式就是圍繞著兩大陣營搶奪資源、並阻止對方收集資源來展開。遊戲靠單打獨鬥是絕對行不通的，它講究的是團隊協同性與戰術部署性。

　　有人認為，Ingress 的成功主要歸功於兩個方面的原因，如下圖所示。

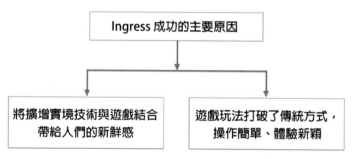

Ingress 成功的主要原因

　　在擴增實境遊戲中，Ingress 算是啟蒙者，它的精髓在於與其他玩家的互動，而且可以讓玩家去很多不為人知的地方，有不少玩家表示，自從玩了 Ingress 這個遊戲之後，有時候需要跑遍大半個城市去獲取相應的資訊，這樣的行為，讓他們了解到了很多曾經被忽略的小地方，例如某個小巷子、某個美麗的花園等，這讓他們的生活變得更加有趣。

專家提醒

> Ingress 雖然沒有華麗的音效及炫酷的戰鬥畫面，但是讓玩家真正領略到擴增實境遊戲的魅力。

持續熱門的 Pokémon GO 也是一款擴增實境遊戲，兩者相比，存在如下圖所示的區別。

Ingress 和 Pokémon GO 的區別

3.2.2 智慧設備 Google Glass

Google 在前幾年發布了一款擴增實境智慧眼鏡——Google Glass。與眼鏡和智慧型手機一樣，集結相機、GPS 導航、收發簡訊等功能於一身，能夠實現如下圖所示的一系列操作。

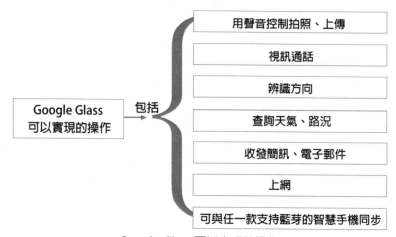

Google Glass 可以實現的操作

Google Glass 的主要結構包括兩部分，如下圖所示。

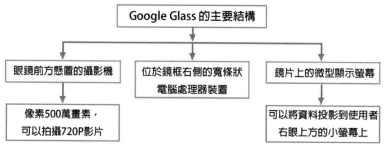

Google Glass 的主要結構

除了上圖所說的 3 大結構之外，還有一條橫置於鼻梁上方、可進行調整的平行鼻托，鼻托透過電容來辨別眼鏡是否被佩戴。

Google Glass 的相關性能如下所示。

- 重量：約幾十克。
- 記憶體：682MB。
- 總儲存容量：16GB。

- 使用的操作系統：Android 4.0.4。
- 音響系統：採用骨傳導揚聲器。
- 網路連接支持：藍芽和 Wifi。
- CPU：德州儀器（Texas Instruments）生產的 OMAP 4430 處理器。

專家提醒

> Google Glass 搭配的 My Glass 軟體，需要 Android 4.0.3 或者更高的系統版本，同時 My Glass 軟體需要開啟 GPS 和簡訊發送功能。

Google Glass 實際上就是微型投影儀＋攝影鏡頭＋感測器＋儲存傳輸＋操控設備的結合體。它的主要原理是光學反射投影原理（HUD），如下圖所示。

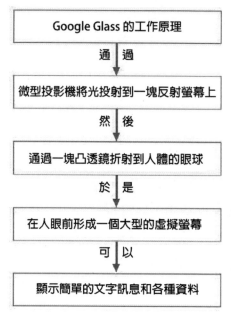

Google Glass 的工作原理

Google Glass 設備的操控方式主要有 3 種，分別是：語音操控、觸控、自動控制。

Google Glass 的主要特點如下圖所示。

包含高科技	Google Glass 包括藍芽、揚聲器、相機、麥克風、觸控鍵盤等多項高科技功能和技術，功能非常強大
多種啟動方式	使用者可以透過語音啟動設備，也可以透過手指來啟動設備，如果是語音啟動，直接說「ok, glass」即可；還可以透過口令啟動影片和相機，如果想選擇其他功能，使用側面的觸控鍵盤即可
解放雙手	使用者不需要傳統拍照方式一樣用手舉著相機或手機，直接通過語音指令就可以實現拍照功能，同時，在觀看比賽的時候，使用者可以進行即時攝影
隨時待命	Google Glass 可以隨時連接網路，強大的資料輸入允許使用者快速處理文字訊息、執行添加影片和圖片等操作，用戶不用拿出手機，就可以通過無線接進行發送
導航功能	無論是開車還是走路，Google Glass 都可以通過導航功能幫助使用者實現即時實景的導航，讓使用者不再迷路
本地服務	在國外，Google Glass 可以幫助使用者很方便地轉換貨幣
收集訊息	Google Glass 最強大的功能是可收集即時訊息，包括路況、行程安排，給予使用者貼心的服務
兼容功能	Google Glass 作為第三方設備，能夠兼容 Android 和 IOS 系統，使用者可以不用拿出手機，就能接聽電話
外觀時尚	Google Glass 外觀設計得非常時尚，具有科技電影裡的高科技產品的感覺，Google Glass 一共擁有5種不同的顏色，使用者可以根據喜好隨意挑選

Google Glass 的主要特點

53

3.3　擴增實境的具體應用

擴增實境技術被應用在很多領域，最常見的是遊戲、娛樂等領域，而且在飛行、醫療等領域對人們也很有價值。本節為大家介紹擴增實境技術的一些實際應用情況。

3.3.1　AR：Pokémon GO 成爆紅遊戲

在擴增實境遊戲 Pokémon GO 登陸英國之後，很多遊戲玩家走出家門，紛紛在不同的地方，例如酒店的角落、地鐵裡，試圖抓住城市中無所不在的霹靂電球（Voltorb）和小磁怪（Magnemite）。

Pokémon GO 在美國上線之初，就立刻攬獲了大量行動遊戲使用者，而且它還讓整個美國手遊市場的付費使用者數量翻了一倍，這就是 Pokémon GO 的魅力所在，而 Pokémon GO 之所以能夠如此成功，是因為其顛覆性的創新模式深深地吸引了玩家使用者，例如突破「宅男」、「宅女」的遊戲規則，打造新的移動遊戲方式；基於 LBS 的人流聚集與人流控制計畫等。

下面對 Pokémon GO 的魅力和成功要素詳細闡述，如下圖所示。

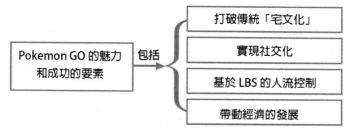

Pokémon GO 的魅力和成功的要素

1 · 打破傳統「宅文化」

Pokémon GO 遊戲中，有一個寶可夢球的孵化玩法，這個玩法設定了一個機制，就是要求玩家必須保持每小時 10 公里以下的速度，同時符合一定的公里數才能有效，因此玩家就必須打破以往玩遊戲時宅在家裡的情況，走到馬路上到處閒逛。

Pokémon GO 這種只有走出戶外、活動起來才能完成的任務模式，瞬間打破了限制玩家行動的遊戲規則，讓大多的「宅男」、「宅女」走到街上，不僅讓人們享受到了遊戲的樂趣，還讓人們享受到了健康的運動。

2 · 實現社交化

除了打破限制人們出門走動的遊戲規則之外，Pokémon GO 還是一款讓現實社交成為可能的遊戲，傳統的遊戲往往都是虛擬的網路社交模式，但是 Pokémon GO 卻讓人們在現實生活中走到了一起，玩家透過將收集的寶可夢碰到一起，可以實現下圖的功能。

將寶可夢碰在一起可以實現的功能

專家提醒

行動時代下，網路將人們「禁錮」在室內的同時，也在慢慢削弱他們在現實生活中的社交能力，而 Pokémon GO 卻能將這批宅在家裡的人從室內「解放」出來。

3・基於 LBS 的人流控制

在 Pokémon GO 中，設有 LBS 功能，透過該功能，Pokémon GO 可以輕鬆有效地控制人流疏密程度，它是怎麼做到的呢？主要方式如下圖所示。

Pokémon GO 的人流疏密控制方式

4・帶動經濟的發展

有人提出，Pokémon GO 遊戲的產業發展帶動係數大約為1：5，該係數是什麼意思呢？就是遊戲可以帶動景點周邊餐飲、旅遊等產業的 5 倍收入，即遊戲的收入如果是 1，那麼這些相關產業的收入就是 5。

Pokémon GO 還設置了基於現實定位的補給站和道場，為周邊店家帶來不少客流。其中，最先行動起來的要屬日本麥當勞和軟

銀公司，如下圖所示。

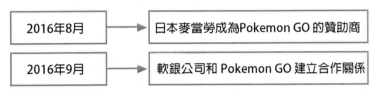

| 2016年8月 | → | 日本麥當勞成為Pokemon GO 的贊助商 |
| 2016年9月 | → | 軟銀公司和 Pokemon GO 建立合作關係 |

Pokémon GO 與日本麥當勞和軟銀公司的合作

日本麥當勞和軟銀公司一共將旗下的 6700 家商店開放，作為 Pokémon GO 補給站或者道場，進一步拓展了 Pokémon GO 的收入管道。

3.3.2　AR：iPhone 雙攝影鏡頭的影響

2016 年 9 月 7 日，在蘋果新品發布會上，推出了配備雙攝影鏡頭的 iPhone 7 Plus。有人說：「iPhone 7 Plus 的雙攝影鏡頭，似乎在向人們昭示著：數百萬的消費者將把 AR 設備放進自己的口袋。」

在虛擬實境、擴增實境技術慢慢嶄露頭角之後，蘋果也在這個產業耕耘了數年，最受人矚目的一次，是蘋果以 2500 萬美元收購以色列公司 LinX。LinX 是一家專注於開發和銷售面向平板電腦和智慧型手機的小型化攝影鏡頭的公司，主要發展的產品和攻克的技術性能包括如下圖所示的內容。

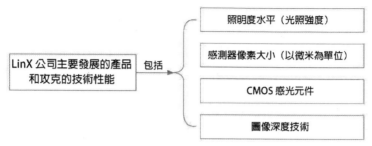

LinX 公司主要發展的產品和攻克的技術性能

iPhone 推出的雙攝影鏡頭系統，可能就是建立在 LinX 的攝像技術上的，對於 3D 掃瞄和 AR 應用來說，不但能夠提供出色的拍照性能，還能提高鏡頭的智慧化與圖片深度。

下面筆者將為大家介紹雙攝影鏡頭對 iPhone 來說，可以在哪些方面給它帶來優勢。

1．深度圖片帶來便利

人類眼睛可以清晰地了解到物體與自己的距離，但是對於電子科技產品來說，想要感知到事物的距離卻不是一件容易的事情；但是 iPhone 雙攝影鏡頭可以用來測量房間的大小，讓使用者獲得精準的房間數據，這樣一來，對居家生活就帶來了很多便利，例如，如果使用者想要在臥室換一張床，只要把床的 3D 圖像透過鏡頭疊加到臥室中，就能看到最終結果。

專家提醒

使用者可以透過 iPhone 雙攝影鏡頭準確計算深度，然後創建深度圖，幫助人們打開一個擴增實境的世界：將電腦生成的影像直接疊加到現實世界中。

2・手勢識別潛能運用

除了計算深度，創建出深度圖之外，iPhone 雙攝影鏡頭的另一項潛能運用是手勢識別，手勢識別和深度感應技術結合在一起，能夠讓人們更接近 AR 的世界。

3・Apple Watch 玩轉 AR 遊戲

除了雙攝影鏡頭以外，蘋果公司還有另一個技術產品能夠讓使用者把玩 AR 技術，那就是——Apple Watch。

Apple Watch 可以支持擴增實境遊戲 Pokémon GO，透過 Apple Watch，使用者可以實現如下圖所示的一系列操作。

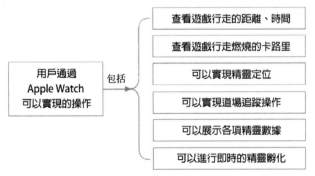

使用者透過 Apple Watch 可以實現的操作

3.3.3　AR：幫助飛行員識別天氣災害

在直升機搭救活動中，迷霧、暴風雪等惡劣天氣往往會成為阻礙搭救、導致搭救失敗的最主要因素。

慕尼黑工業大學（Technical University of Munich，TUM）研發了一款全新的 AR 視覺系統，該系統包括頭部顯示器（內建特殊眼鏡）和與螢幕相連的感測器部件，主要投射原理如下

圖所示。

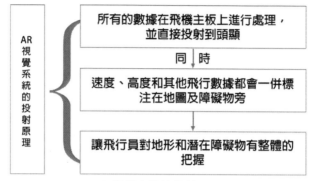

AR 視覺系統的投射原理

此外，飛行員戴上頭部追蹤系統，就能保證無論是往哪個角度轉頭，都能看到投射內容，也就是說，投射可以隨著飛行員的視線調整。如下圖所示為該 AR 系統研究的模擬機艙內部情況。

慕尼黑工業大學研發的這款全新的 AR 視覺系統，能夠幫助飛行員更快地識別出天氣災害，當他們的視線被白茫茫的雲霧遮擋時，只要打開內建眼鏡，就會看到紅色和綠色遍布的數位影像，其中紅色代表風眼或建築，綠色代表山巒和房屋。

3.3.4　AR 耳機：更智慧地操縱聲音

為了阻止噪音汙染，人類發明了降噪耳塞、降噪耳機，戴上降噪耳機或耳塞之後，可以將外界的噪音全都阻隔在外，讓人們感受到「世界清淨」的愉悅，但是隨著人們對周遭環境感覺的缺失，往往讓自己陷入危險之中。

因此，只有智慧地操控聲音，實現主動降噪，才能在預防風險的情況下，給人們帶來更好的產品體驗。

Doppler 實驗室針對智慧操控聲音操作做了兩件事，如下圖所示。

Doppler 實驗室的主要事件

Doppler 實驗室發布的這款降噪耳機 Here One 主要是透過多個對外收音麥克風與演算法的結合，從而達到「降噪」效果的，和傳統的用相反聲波的方式來降噪的耳機相比，Here One 更容易讓人接受。

從外觀上看，這款全無線耳機比鈕釦略大一些，與其他耳機最大的區別在於：Here One 耳機機身正面採用了一種類似「麥克風」形狀的網狀設計，在這塊網狀面板的背後，是數個用於降噪的「麥克風」，其降噪流程如下圖所示。

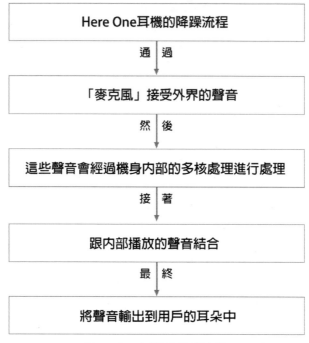

Here One 耳機的降噪流程

Doppler 實驗室對 Here One 做出的最大的改進就是擴增實境的應用，透過配套的控制應用 APP 來實現「定向降噪」功能。在該 APP 應用中，會設置一些供使用者選擇的場景和噪聲模式，例如：

- 場景包括：「飛行」、「工作」場景等。
- 噪聲模式包括：嬰兒啼哭、汽車鳴笛等。

Here One 降噪耳機非常智慧，根據資料顯示，它除了能夠讓使用者透過 APP 對耳機自定義設置之外，還能幫助使用者專門改善，根據使用者的需要，自行控制需要降噪的聲音，保留使用者想要聽到的聲音，它可以將某些聲音放大，比如將人聲放大，讓使用

者在嘈雜的環境中可以更清晰地聽到周圍的人聲。

為什麼 Here One 耳機能夠實現這樣的功能？根據資料顯示，Here One 這樣的功能並非是透過類似均衡器的原理實現的，而是因為研究人員在 Here One 身上搭載了一種自適應濾波器。自適應濾波器和傳統的降噪耳機的區別如下所示。

- 傳統的降噪耳機：消除整個頻段。
- Here One 耳機自適應濾波器：可以判斷聲音的類型，然後選擇性地消除聲音。

Here One 耳機為無線連接，不僅耳機本身透過藍芽與行動設備之間傳輸，左右單位也是透過無線連接。

Here One 雖然功能強大，但是續航時間比較短，大約 3 ～ 6 小時，研究者為了彌補這個缺點，在耳機的收納盒內建電池，讓使用者可以在不用的時候為 Here One 充電。

3.3.5 AR：掃一掃追蹤定位技術

在地鐵、門市、公車站等地方，常常會看到「掃 QR code」的廣告標誌，可以說，「掃 QR code」已經成為街頭巷尾常用的詞語，但是在 AR 領域中，掃描就不是指掃瞄 QR code 了，而是 AR 追蹤定位技術。

SLAM（Simultancous Localization And Mapping）是一種基於主動重建的追蹤定位方法，與傳統的 AR 掃碼相比，定位方式是無標識追蹤定位。下面為大家介紹有標識和無標識的 AR 追蹤定位方式。

1・有標識的 AR 追蹤定位

這種有標識的 AR 追蹤定位，是 AR 系統中較為成熟的一種定位技術，原理是：在真實環境中放置人工標識物，透過改變人工標識物內部的編碼圖案來實現多目標的追蹤定位。

有標識的 AR 追蹤定位技術主要由兩部分組成，如圖所示。

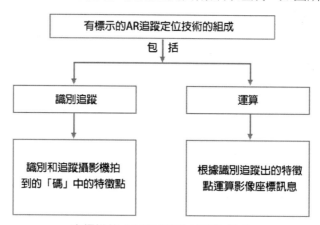

有標識的 AR 追蹤定位技術的組成

2・無標識的 AR 追蹤定位

無標識的 AR 追蹤定位技術是指不透過掃碼，而是透過掃物體的方式來對目標進行追蹤定位的一種技術，這種技術被稱為基於關鍵幀和模型的處理方法。

例如，透過可口可樂瓶掃描後跳出影片，或者透過掃瞄名勝古蹟掃描後跳出詳情介紹等情況都屬於無標識的 AR 追蹤定位技術。

3.3.6　AR ＋：醫療領域的希望之星

AR 技術不僅僅可以應用在遊戲、娛樂、飛行領域，還可以應用在醫療領域，有些國家的兒童醫院的醫生和物理治療師，將 AR

遊戲與一些 AR 應用同患者的復健相結合，幫助他們恢復健康。

　　例如，密西根大學 C.S.Mott 兒童醫院的醫生和物理治療師，就利用 AR 遊戲 Pokémon GO 和 Ann Arbor 開發的軟體 SpellBound，幫助一位做過腦動脈瘤手術的兒童患者恢復健康。

　　據相關人員介紹，早在幾年前，AR 技術就被用作醫療的輔助治療方法，AR 技術的作用主要有兩點，如下圖所示。

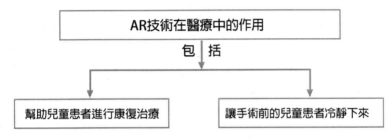

AR 技術在醫療中的作用

　　當孩子們邊玩 AR 遊戲邊接受治療的時候，他們會覺得非常愉快，那麼 AR 遊戲是怎樣幫助兒童患者完成伸展和運動技能練習的呢？

　　其實很簡單，只要在某個練習中調整遊戲，就能讓患者跟著遊戲進行相應的調整，例如，當需要練習仰視時，醫生只要把 iPad 放在比患者視野高一點的位置，就能讓患者進行仰視練習了。

第 3 章　AR：把虛擬實境套在現實世界中

第 4 章　布局：電子產業的虛擬實境布局

第 4 章　布局：電子產業的虛擬實境布局

學前提示

虛擬實境領域的潛力無窮，很多人都看到了虛擬實境的潛力，當大部分人還在開玩笑說虛擬實境太「高不可攀」的時候，各大企業紛紛開始在虛擬實境領域的布局。

4.1　布局 VR 也在意料之中地來臨

對於 VR 領域的布局，電子通訊產業自然不會錯過，小米、三星、華為等生產手機、通訊設備的網路企業或者電子資訊企業全都加入到這場 VR 布局戰爭中。

4.1.1　小米的布局

小米在 VR 領域的布局，主要體現在產品研發和投資兩方面。

1．研發

2016 年 1 月，小米宣布建立小米探索實驗室，這是小米為了在 VR 領域搶占一席之地而做出的準備，實驗室的主要鎖定方向主要包括兩方面。

- VR 領域。
- 智慧機器人領域。

根據資料顯示，小米探索實驗室建立之後，第一個重點參與的專案就是虛擬實境專案，小米開始聘用相關專業人士，一起研發 VR 專案，聘用的職位如下圖所示。

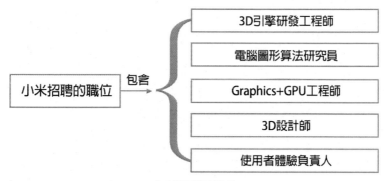

小米聘用的職位

雖然小米已經躋身 VR 產業的布局中，但是想要讓 VR 技術達到成熟和大規模應用的地步，還需要好幾年的時間。

2．投資

在投資方面，小米主要和大朋 VR 展開合作，2015 年 12 月，大朋 VR 獲得迅雷和愷英網路的融資，融資金額達 1.8 億元人民幣，小米是迅雷的大股東，因此也算是間接投資了大朋 VR。此外，小米、迅雷還和大朋 VR 達成了策略合作，欲借助各自的優勢，在如下圖所示的多個領域展開更為深入的合作。

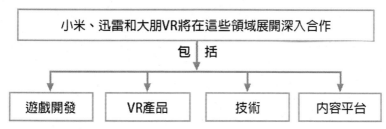

小米、迅雷和大朋 VR 將在這些領域展開深入合作

4.1.2　三星的布局

在 VR 領域，三星早有布局，例如與 Oculus 合作生產 Gear VR，預示著三星將 VR 技術視為公司未來發展策略的重要組成部分。

三星的 VR 布局，主要體現在如下圖所示的幾個方面。

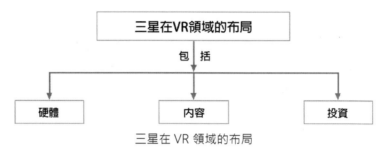

三星在 VR 領域的布局

1・硬體

三星在 VR 領域的硬體，主要包括三星 Gear VR 和三星 Gear 360，Gear VR 是一款頭戴式顯示器，它是三星的第一款 VR 設備；而 Gear 360 是一款全景相機，它極大地豐富了手機產品的觀看形式。

2・內容

在內容方面，三星主要體現在打造 Milk VR 平臺、參與 VR 直播、打造 VR 電影工作室 3 個方面，並且創造了一系列優秀的 VR 影片，相關介紹如下圖所示。

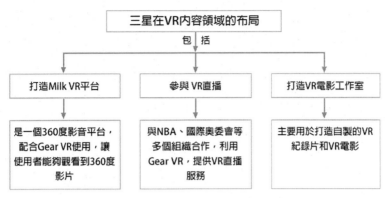

三星在 VR 內容領域的布局

3．投資

在投資方面，三星也是碩果累累，投資的企業包括如下圖所示的幾間。

三星投資的企業

4.2　與虛擬實境相關的出色產品介紹

隨著越來越多的廠商進軍 VR 領域，VR 產品層出不窮，Google、SONY 也接連不斷地推出了自己的 VR 產品，本節為大家介紹一些優秀的虛擬實境產品。

4.2.1　Google Cardboard

Google 虛擬實境眼鏡是一款用紙盒做成的眼鏡，它被稱為 Google Cardboard，雖然外形上十分不起眼，但是在折疊之後，可以形成一個取景器和一個放置手機的插槽，打開手機中相應的應用程式後，便能夠為使用者提供虛擬實境的體驗。

Google Cardboard 最初是 Google 兩位工程師 David Coz 和 Damien Henry 的創意，他們用了 6 個月的時間，打造出了這個產品。

Google Cardboard 紙盒內包括如下圖所示的部件。

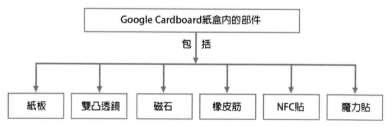

Google Cardboard 紙盒內的部件

使用者只要按照包裝上的說明操作，很快就能將這些部件組裝成一個簡單的玩具眼鏡，在 Google Cardboard 凸透鏡的前部留置了一處放手機的空間，盒子半圓形的凹槽正好可以把臉和鼻子埋進去。

Google Cardboard 放手機的地方

　　要使用 Google Cardboard，只組裝好並不夠，使用者還需要在 Google Play 官網上下載 Cardboard 程式。雖然 Google Cardboard 看起來只是一副十分簡陋的紙盒眼鏡，但這個眼鏡加上智慧型手機就能夠給人們帶來一場虛擬實境體驗。

4.2.2　三星 Gear VR3

　　三星 Gear VR3 是三星和 Oculus VR 聯手出品的第三代虛擬實境設備，零件如下圖所示。

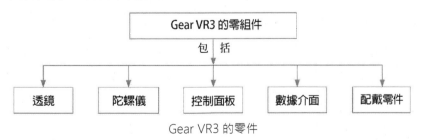

Gear VR3 的零件

使用者在使用三星 Gear VR3 的時候，要下載一個 APP——Oculus，然後將手機透過 Micro USB 介面插到 Gear VR3 設備上，就能透過 Gear VR3 的放大透鏡來觀看手機螢幕上的內容。

三星 Gear VR3 的主要特點如下。

透過 AMOLED（Active-Matrix Organic Light Emitting Diode, 主動矩陣有機發光二極體）顯示、精準的頭部追蹤器和低延遲率給使用者呈現超乎想像的虛擬實境體驗。

可以與 Galaxy 系列手機連接，相容的設備如下圖所示。

比第二代更輕，搭配更舒適的耳機和更精準的觸控板。

擁有大量的電影和遊戲。

三星 Gear VR3 相容的設備

4.2.3　SONY HMZ-T3W

SONY HMZ-T3W是SONY公司發布的第三代頭戴顯示設備，特點如下：

- 採用自發光 OLED 面板，可以實現相當於 20 公尺距離內 750 英吋電視機的超震撼效果。
- 在第二代的基礎上，提升了畫面影像顯示效果和佩戴的體驗感。

- 無線版的 HMZ-T3W 可以讓使用者擺脫 HDMI 等傳輸線的限制，讓使用者在家中任何地方都能享受到視聽盛宴。
- 即使在戶外播放電影，也能享受到電影院的效果。
- 無線 Wireless HD 技術可以做到 60Hz 無壓縮影片傳輸。

第 4 章　布局：電子產業的虛擬實境布局

第 5 章　APP：人人都能享受到 VR 體驗

學前提示

若是想要玩轉虛擬實境，就必須要了解一些虛擬實境的 APP，目前來說，虛擬實境在影視、遊戲、娛樂等領域應用得最為廣泛，本章筆者為大家介紹幾款優秀的虛擬實境類 APP。

5.1　影片類虛擬實境 APP

虛擬實境技術能夠在視覺、聽覺、觸覺等五感方面給使用者提供極為逼真的體驗，目前來說，虛擬實境應用得最廣的就是在視覺上為使用者提供極為逼真的視覺效果，因此，影片類的 APP 成為虛擬實境領域的領頭羊。

接下來筆者將為讀者介紹幾款好玩的影片類虛擬實境 APP。

5.1.1　Vrse

Vrse 是一款由蘋果公司與 U2 樂隊共同開發的虛擬實境 APP，介面如圖 6-4 所示，其使用方法非常簡單，使用者只要在裡面免費下載自己想看的影片，然後利用自己的 iPhone 加上一頂虛擬實境頭盔就能觀看。除了能夠看到豐富搞笑的影片之外，還能看到美國著名脫口秀明星 Jerry Seinfeld 在 Saturday Night Live 周年慶特別版上的表演，全程採用 360 度全視角錄製，讓使用者如同身臨其中。

但 Vrse 有一定的侷限性，即解析度低、反應速度慢。

5.2　遊戲類虛擬實境 APP

虛擬實境技術在遊戲裡的應用也非常普遍，例如 Sisters 和 Legendary VR 都屬於虛擬實境類遊戲。

Sisters 是一款恐怖類的虛擬實境遊戲，透過虛擬實境技術讓玩家彷彿置身其中，觀察房間裡的兩姐妹正在經歷的事情，帶給玩家別樣的刺激，人類控制機器人與怪獸對抗的場景多次出現在電影中，讓對科幻感興趣的人充滿嚮往；而在傳奇電影虛擬實境 Legendary VR 這款遊戲中，人們就能享受到人類控制機器人這種福利，戴上虛擬實境頭盔，就能感受到自己置身機器人體內與怪獸對抗的體驗。

本節筆者為人家介紹幾款遊戲類的虛擬實境 APP。

5.2.1　龍之忍者 VR

《龍之忍者 VR》遊戲是一款由經典同名格鬥遊戲改編而來的 VR 遊戲，在遊戲介面中，玩家將會與眾多忍者展開格鬥，利用虛擬實境設備能夠讓玩家體驗到身臨其境的感受。

在遊戲中，玩家可以體會到如下圖所示的幾大體驗。

玩家在《龍之忍者 VR》中的體驗

第 5 章　APP：人人都能享受到 VR 體驗

第6章　應用：當 VR 出現在不同領域

學前提示

　　隨著虛擬實境技術的不斷提高以及成本的降低，虛擬實境設備在不同領域的運用也漸漸成為可能，本章主要為讀者介紹虛擬實境在多個產業領域的應用。

6.1　醫療健康

　　在過去，虛擬實境技術主要是被運用在外科手術、醫療培訓與醫療教育的領域中；而隨著虛擬實境技術、模擬技術以及壓力回饋技術的深入發展，很多廠商抓住虛擬實境在醫療健康領域的商機，開發出了臨床醫生能夠進行外科手術的虛擬實境產品，讓醫生能夠透過虛擬實境設備產生視覺和觸覺的雙重體驗。

　　除了在外科手術上具有不可比擬的優勢之外，在醫療培訓和醫療教育中，虛擬實境設備也是一項非常合適的選擇，原因有兩點，如下圖所示。

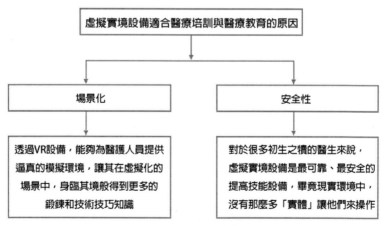

虛擬實境設備適合醫療培訓與醫療教育的原因

　　而且在醫療領域中，醫生和醫療專業人員因為有很多平時不能接觸到的手術操作，可以透過虛擬實境影片來讓自己置身其中，觀看手術操作的細節，實現更好的醫療培訓和醫療教育。

　　接下來筆者將為大家介紹虛擬實境在醫療產業的應用情況。

6.1.1 醫療健康產業分析

　　虛擬實境技術在醫療產業中的應用包括：醫學練習、醫療培訓與教育、康復訓練和心理治療。

1．醫學練習

　　運用虛擬實境技術進行醫學練習，其實就是運用虛擬實境技術進行虛擬實境手術，它能夠幫助醫生熟悉手術的過程，並且提高手術的成功率。

　　虛擬實境手術的原理是什麼呢？虛擬實境手術就是基於醫學影像數據，在電腦中用 VR 技術建立一個虛擬環境，醫生借助虛擬設備，例如虛擬實境眼鏡、虛擬實境頭盔等在虛擬環境中進行手術計畫和練習，虛擬實境技術與虛擬實境設備的結合，讓醫生彷彿置身於一場真實的手術中，目的是為醫生實際手術打好基礎。

　　Medical Realities 公司開發了一款虛擬實境手術設備——The Virtual Surgeon，這款產品能夠讓醫生身臨其境般地參與到外科手術的過程中，其主要的技術和內容以下幾方面。

- 360 度影片技術；
- 虛擬實境 3D 技術；
- 互動式的醫療內容。

透過虛擬實境手術，不僅能夠幫助醫生對病情有更好的診斷，

提高醫療效率，同時還能夠幫助醫生及時製作手術方案，提高醫護間的合作能力。

2・醫療培訓與教育

在虛擬實境醫療領域，除了虛擬實境手術之外，還有虛擬實境醫療培訓和教育，例如透過虛擬人體讓醫療人員了解人體的構造和功能。

除了透過虛擬人體進行醫療培訓之外，還可以透過開發醫療現實醫學教學軟體來實現醫療教育和培訓，例如隸屬於邁阿密兒童健康系統的尼克勞斯兒童醫院和 Next Galaxy Corp 公司合作，製作了專用的虛擬實境醫療培訓的軟體，主要的操作包括以下 3 點。

- Foley 導管置入操作；
- 心臟復甦操作；
- 傷口護理操作。

在幫助醫護人員更好地獲取資訊的同時，還能提高醫療培訓的效率。

3・康復訓練

將虛擬實境技術應用到康復醫學領域，具有以下幾點優勢。

- 可以提高康復安全性；
- 可以提高患者的舒適性；
- 能夠增加醫患的互動性。

康復訓練包括肢體治療、身心障礙者功能輔助治療等，在肢體治療中，可以將虛擬實境技術與娛樂相結合，由螢幕為患者提供一種虛擬情境，讓患者置身於某個遊戲或者某個旅遊情境中，增加患者的快樂感，安撫患者的治療情緒。

　　身心障礙者功能輔助治療，是指透過特製的人機介面，讓身心障礙者在虛擬實境情境中實現生活自理，產生一種身臨其境的感受，幫助他們提升生活的樂趣和品質。

　　對於癱瘓人群來說，虛擬實境康復治療也是一個很好的選擇。Wayne Bethke 是一名癱瘓病人，一開始頭部以下都不能動，後來透過一款名為 Omni VR 的虛擬康復系統的康復治療，Wayne Bethke 慢慢康復。

　　從外觀看上去，Omni VR 好像是一臺遊戲設備，但實際上它是一款能夠用於職業病治療、身體治療和語言治療的虛擬實境設備。

4・心理治療

　　目前，虛擬實境技術已經被應用於有心理創傷的病人，涉及的範圍包括恐懼症、創傷後壓力症候群、焦慮症等。

　　有一家公司針對飛行恐懼症的患者，開發了一款虛擬實境模擬飛行程式，在心理醫生的指導下，讓飛機恐懼症患者戴上虛擬顯示器，然後透過軟體控制虛擬環境中的各種飛行條件，直到慢慢適應這些飛行環境，以此來達到克服心理障礙的目的；而另一家醫療機構則主要致力於治療那些因為脊隨受傷而留下心理疾病的病人，透過感測動作擷取設備、頭戴式虛擬實境設備以及加上醫生的暗示，幫助病人突破心理障礙。

　　其實在很多年前，就有人將虛擬實境技術運用到懼高症患者的治療中，在 30 個懼高患者中，有 90% 的人獲得了明顯的治療效果。同時，虛擬實境技術也被運用在擁有社交恐懼症患者的治療中，透過建立各種虛擬社交場景，幫助患者克服恐懼。

在治療創傷後壓力症候群（Post-traumatic Stress Disorder， PTSD）中，虛擬實境也有所貢獻。什麼是創傷後壓力症候群？創傷後壓力症候群是指個體在經歷過一個或多個涉及生命威脅的事件、或受過嚴重的傷後，所導致的個體延遲出現和持續存在的精神障礙。很久以前開始，虛擬實境技術就已經用來治療燒傷後有強烈痛感，或者長期處於恐懼和害怕狀態中的士兵。

6.1.2　醫療健康產業案例分析

在虛擬實境醫療領域，也有很多優秀的案例，本節為讀者介紹幾個比較典型的虛擬實境醫療案例。

1‧Maestro AR3D 機器人模擬手術

模擬科技公司曾為機器人手術模擬聯繫設計過一款擴增實境軟體，這款軟體名叫 Maestro AR3D，包括如下多種手術類型的練習模式。

- 腎臟部分切除手術；
- 子宮切除手術；
- 前列腺切除手術；
- 其他普通外科手術等。

在美國泌尿學會（American Urological Association，簡稱 AUA）年會上，Maestro AR 向人們展示了腎臟部分切除手術的功能，學員透過虛擬機器人對解剖區域進行操作。在手術過程中，伴有吉爾博士的語音指導，包括如下圖所示的 5 個步驟。

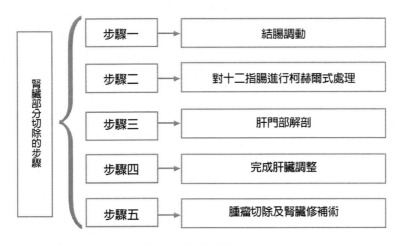

腎臟部分切除手術的步驟

2·虛擬實境技術能治癒中風

根據澳洲的 Stroke Foundation 調查顯示，有關中風的現狀如下圖所示。

澳洲調查顯示有關中風的現狀

中風問題已經如此嚴峻，而中風之後活著的人能夠康復更是困難，為此，很多研究人員開始就虛擬實境技術能否幫助病人提前恢復展開研究。

在澳洲的梅鐸大學，一款虛擬實境康復系統已經被研發出來，

這款虛擬實境康復系統被取名為 Neuromender，透過虛擬情境以及人機互動技術，幫助中風病人進行康復治療。

加拿大的一項研究表明，透過虛擬實境遊戲進行康復治療的病人，擁有更好的平衡感和協調性。

以色列的一項研究表明，在康復訓練中，對中風病人使用虛擬實境遊戲，比那些沒有玩這些遊戲的病人取得更大的進展。

從這些研究可以看出，將虛擬實境技術應用在中風患者康復治療上能夠造成一定的效果。

3．卡倫臨床虛擬實境康復系統

卡倫系統（CAREN）是一款將先進尖端技術融合在一起的臨床康復系統，該系統融合了 3D 運動擷取技術、沉浸式治療技術、3D 測力技術、自動化控制的 6 個自由度運動平臺技術等高端技術，透過結合虛擬實境技術，為醫療康復打開了新思路。

卡倫系統集診斷、治療、評估、即時回饋為一體，具體功能如圖所示。

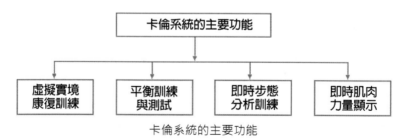

卡倫系統的主要功能

1）虛擬實境康復訓練

卡倫系統透過虛擬實境技術為患者提供一系列的康復訓練，在康復訓練的過程中，患者能夠根據自己的需求更換虛擬情境，同

時還能借之遊戲和感測設備來增加康復訓練的趣味性和提高治療的積極性。

2）平衡訓練與測試

卡倫系統能夠透過採集如下圖所示的豐富數據，使患者在靜態或動態的運動平臺上保持平衡。

卡倫系統能夠採集的豐富數據

卡倫系統在為患者提供平衡測試和訓練時，主要是透過模擬各種真實的不穩定的平衡環境來實現。

3）即時步態分析訓練

在步態分析訓練上，透過卡倫系統，患者能夠獲得如下圖所示的豐富數據。

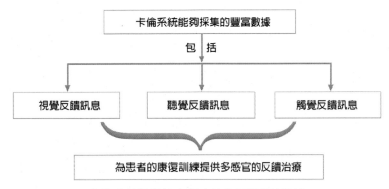

卡倫系統提供的有關步態分析訓練的數據

4）即時肌肉力量顯示

卡倫系統能夠做到肌肉的視覺化，並且透過大螢幕，患者還能直接獲得訓練時的肌肉收縮數據，並且透過顏色的變化了解自己的哪一塊肌肉在用力、哪一塊肌肉用的力度還不夠。

4‧BZ/M-750 內視鏡手術虛擬實境訓練系統

BZ/M-750 模擬訓練系統是一款為內視鏡手術訓練者提供培訓方案的系統設備，透過虛擬實境技術和模擬技術，幫助訓練者掌握基本的內視鏡檢查和手術技能。

從系統硬體來看，該系統包括如下圖所示的硬體設備。

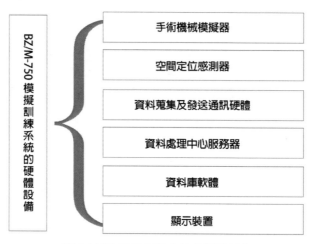

BZ/M-750 模擬訓練系統的硬體設備

而系統的軟體部分是和醫學專家合作，並且完全基於 CT 或 MRI 等醫學真實病例而研發的，主要包括如下圖所示的部分。

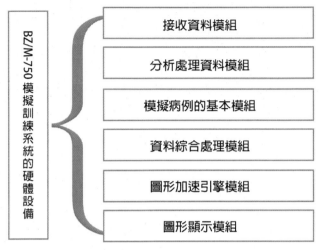

BZ/M-750 模擬訓練系統的軟體設備

BZ/M-750 模擬訓練系統除了提供手術練習的平臺之外，還能評估受訓者的水準並對個別受訓者的表現進行指導。

6.2 娛樂遊戲

對於大部分人來說，現階段的虛擬實境設備更多的是作為「遊戲設備」被大家所認知的，虛擬實境技術讓數位娛樂遊戲的表現形式更加豐富、模擬感更加真實、趣味性更高。本節主要為讀者介紹虛擬實境娛樂遊戲。

6.2.1 娛樂遊戲產業分析

Facebook 以 20 億美元收購 Oculus Rift 虛擬實境硬體廠商，象徵著虛擬實境將在數位遊戲領域搶占高地。對於遊戲玩家群體來說，沒有人能夠拒絕那種沉浸式的遊戲體驗，而虛擬實境在遊戲領

91

域中的應用，也將邁出更遠的一步，很多虛擬實境廠商的研發都將圍繞遊戲來進行。

1．三個發展階段

虛擬實境技術近幾年發展以來，已經在多個領域有了實際的應用，其中要屬在娛樂遊戲領域的應用最為豐富，因為遊戲產業在技術層面的要求比其他產業在技術層面的要求更高，因此 3D 遊戲對於虛擬實境技術的發展需求有很好的推進作用。

遊戲技術的發展共經歷了三個階段，如下圖所示。

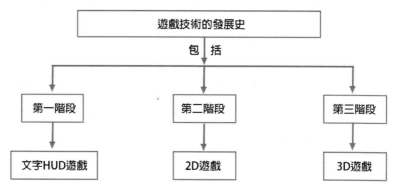

遊戲技術發展經歷的三個階段

遊戲技術的發展，讓人們越來越有代入感，但依然無法實現完全沉浸式的體驗，但虛擬實境技術的出現，為店家帶來了機遇，也讓玩家在遊戲時享受到沉浸式的體驗。玩家對遊戲的需求越來越大，遊戲產業的競爭也越來越激烈，虛擬實境遊戲是遊戲發展的必然趨勢，而 3D 遊戲的虛擬實境技術同時也促進了虛擬實境設備的產生。

2・頭戴顯示設備大顯身手

　　虛擬實境遊戲給人們的生活帶來了奇妙的體驗，有些創業公司希望透過虛擬實境技術，為使用者提供一種沉浸式的體驗，Oculus 就是這樣一家企業，它是一家虛擬實境廠商，它雖然在 2013 年就已經嶄露頭角，但是直到被 Facebook 收購，才真正走進了人們的視野。

　　Oculus Rift 是一款專為電子遊戲設計的頭戴顯示設備，當玩家戴上它玩遊戲的時候，就有一種置身其境的感覺，Oculus Rift 頭戴顯示器包括如下圖所示的部分。

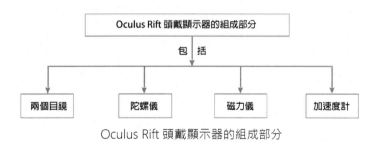

Oculus Rift 頭戴顯示器的組成部分

　　陀螺儀、加速度器和磁力儀等方向感測器能夠即時擷取玩家的頭部活動，幫助追蹤調整畫面，從而使遊戲的沉浸感提升。

3・VR 的藝術魅力

　　在數位技術領域，虛擬實境技術正在推進人與機器的關係。作為一種神奇的科技成就，虛擬實境技術為人們呈現了一個從模擬之境到完全沉浸的虛擬空間，它不僅促進了人機互動，還打破了真實和虛擬之間的界限，虛擬情境中的一切都是可操縱、可編碼的，它顛覆了人類的認知和邏輯，它具備獨特的藝術魅力，主要表現在如下圖所示的幾個方面。

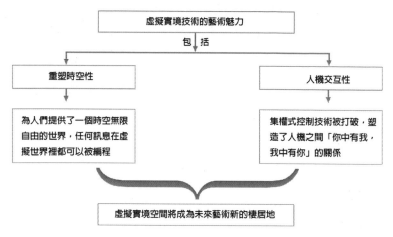

虛擬實境技術的藝術魅力

6.2.2　娛樂遊戲產業案例分析

在虛擬實境遊戲領域有很多優秀的案例，本節為讀者介紹幾個比較典型的虛擬實境遊戲案例。

1．虛擬實境沉浸式恐怖遊戲

恐怖遊戲 Affected:The Manor 是一款虛擬實境恐怖遊戲，人們戴上 Oculus Rif 虛擬實境頭盔之後，就能夠沉浸到遊戲的情境中，那麼，用虛擬實境頭盔玩恐怖遊戲是一種什麼感受呢？

REACT 團隊邀請了數名玩家佩戴虛擬實境頭盔 Oculus Rift 來玩恐怖遊戲 Affected:The Manor，當玩家戴上頭盔之後，就如同進入到了一個真實的恐怖世界，他們會抑制不住地驚叫。

2．利用 Vive 玩虛擬實境遊戲

Vive 是一款由 HTC 與 Valve 聯合開發的虛擬實境頭戴顯示器，與三星 Gear VR 相比，Vive 有如下圖所示的特點。

Vive 與三星 Gear VR 的區別

Vive 主要是為遊戲而設計的,玩家可以在一個房間內體驗虛擬世界,Vive 本身的主要特點如下圖所示。

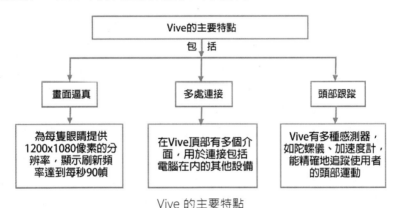

Vive 的主要特點

3．360 度頭部追蹤的跨平臺產品

Trimersion 是美國最大的行動消費電子產品微型顯示器生產商 Kopin m,所推出的虛擬實境設備。這款虛擬實境設備是一款針對遊戲提供 360 度頭部追蹤的跨平臺產品,其主要特點如下圖所示。

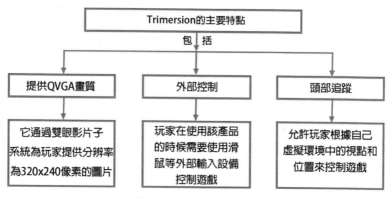

Trimersion 的主要特點

Trimersion 可以和如下圖所示的設備配合使用。

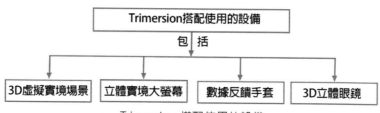

Trimersion 搭配使用的設備

6.3　城市建設

隨著資訊技術、虛擬實境技術的進步和發展，「虛擬城市」、「3D 規劃」在城市規劃領域漸漸出現，這無疑給人們提供了一種全新的城市規劃建設與管理的理念和方法。本節主要為讀者介紹虛擬實境在城市規劃領域中的應用。

6.3.1　城市建設產業分析

在「數位城市」、「虛擬城市」、「3D 規劃」應用中，最關鍵的

技術之一就是虛擬實境技術，城市虛擬實境就是指將虛擬實境技術應用在城市規劃、建築設計等領域中，城市虛擬實境系統的生成原理如下圖所示。

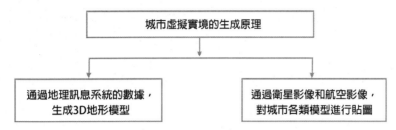

城市虛擬實境的生成原理

城市規劃管理的基礎性工作之一是規劃方案的設計，目前常用的規劃建築設計表現方法及各方法的缺陷如下圖所示。

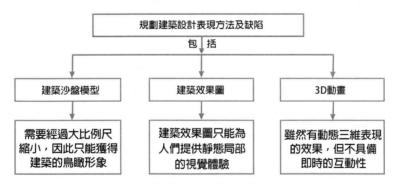

規劃建築設計表現方法及缺陷

城市虛擬實境系統能夠彌補傳統規劃建築設計表現方式的不足，它透過一個虛擬環境，為人們提供全方位的、身臨其境的動態互動內容，如下圖所示。

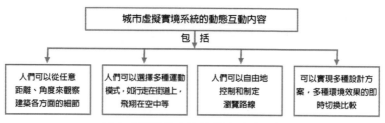

城市虛擬實境系統的動態互動內容

下面為大家介紹城市建設產業中的虛擬實境技術的應用情況。

1・數位城市

數位城市就是將城市中的各項複雜系統透過數位網路、虛擬模擬、視覺化等技術進行資源整合，建構出綜合的資訊平臺。

虛擬實境技術可以被應用在城市規劃的各個方面，並帶來以下好處。

1）規避設計風險

在城市規劃領域，透過虛擬實境技術搭建的環境是嚴格按照工程的標準和要求建立的，因此使用者在虛擬情境中，透過人機互動，能夠發現那些不易被察覺的設計缺陷，提高方案的評估品質。

2）提高設計效率

透過虛擬實境系統，可以透過修改系統中的參數來改變建築中的各個專案的設計，這樣做的好處，有如下圖所示的幾點。

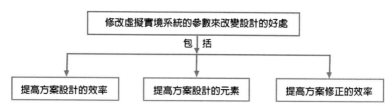

修改虛擬實境系統的參數來改變設計的好處

3）方便展現方案

虛擬實境為使用者帶來逼真的感官衝擊，同時透過虛擬實境數據介面，能夠在虛擬情境中獲得專案數據資料，有利於各種規劃設計方案的展現和評審。

2．地理地圖

傳統的地圖具備 3 個明顯的特徵，如下圖所示。

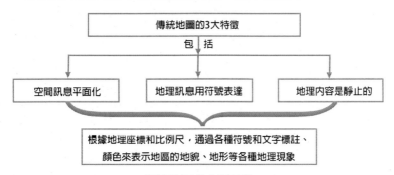

傳統地圖的 3 個特徵

隨著電腦技術和 VR 技術的發展，虛擬實境地圖誕生了，虛擬實境地圖能夠建立一個 3D 虛擬情境，讓人們沉浸在該情境中，同時還能透過人機互動工具模擬人的自然空間方位的認知，透過虛擬實境地圖，人們可以實現如下圖所示的功能。

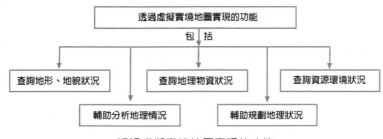

透過虛擬實境地圖實現的功能

虛擬實境地圖具有重要的現實意義，如下圖所示。

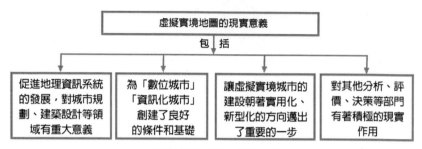

虛擬實境地圖的現實意義

3・道路橋梁

在道路橋梁方面，虛擬實境技術也發揮了作用，如典尚設計有限公司自主開發的虛擬實境平臺軟體，已經被應用於橋梁道路設計產業中，軟體的主要特點如下。

- 適應性強。
- 操作簡單。
- 高度視覺化。

虛擬實境技術應用在道路橋梁領域，透過各類數據資訊的植入和多種媒體資訊的輔助，再加上虛擬實境技術的互動作用，實現多種便捷的功能，如下圖所示。

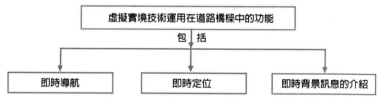

虛擬實境技術運用在道路橋梁中的功能

虛擬實境技術運用在道路橋梁領域，能夠給人們帶來逼真的、

直觀的視覺效果，同時幫助人們實現可操作性的評估和預演，不僅能夠提高設計和施工效率，還能降低風險。

4・軌道交通

將虛擬實境技術運用在軌道交通領域，就是模擬出從交通工具的設計到運行維護的各個階段的虛擬環境，讓人們透過這些虛擬環境加深對軌道交通的認知和了解，虛擬實境軌道交通主要包括虛擬設計、虛擬裝配和虛擬運行 3 個部分，相關介紹如下圖所示。

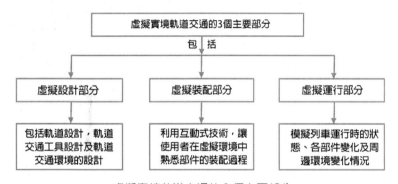

虛擬實境軌道交通的 3 個主要部分

6.3.2　城市建設產業案例分析

在虛擬實境城市規劃領域有很多優秀的案例，本節為讀者介紹幾個比較典型的虛擬實境城市規劃案例。

1・數位城市模擬系統

在數位城市領域，企業不斷深入開發解決方案，以滿足不同層次的客戶對虛擬實境城市的需求，透過數位城市模擬系統，使用者能夠在十分逼真的虛擬場景中，對將來要修建的城區進行沉浸式的審視。

第 6 章　應用：當 VR 出現在不同領域

　　使用者在虛擬情境審視的過程中，除了必需的軟體外，還需要憑藉一定的硬體設備來實現人機互動體驗，這些硬體設備包括：數據頭盔、方位追蹤器、資訊手套、虛擬實境眼鏡等。

　　數位城市模擬體系主要由以下 5 個部分組成。

- 虛擬外部設備
- 大螢幕投影顯現體系
- 虛擬實境模擬體系軟體
- 虛擬模擬音響及操控體系
- 模擬主機和輔佐核算設備

2．數位城市沙盤

數位城市沙盤又叫多媒體城市沙盤，其表現形式如下圖所示。

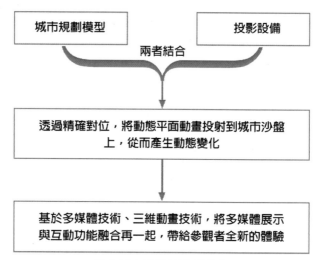

數位城市沙盤的表現形式

　　數位城市沙盤從多角度、全方位地展示虛擬實境數位城市資訊，其中包含以下多個系統。

- 大面積 LED 播放系統。
- 大面積投影拼接系統。
- GIS 城市地理資訊系統。
- 虛擬實境城市系統。
- 大量數位城市模型數據系統。

6.4 旅遊產業

虛擬實境技術已經被應用在旅遊產業中，在不久的將來，針對旅遊市場的虛擬實境技術應用，或將成為旅遊業發展的真正突破口，本節主要為讀者介紹虛擬實境在旅遊產業領域的應用。

6.4.1 旅遊產業分析

雖然旅遊業一直蓬勃發展，然而傳統旅遊業的不足也依然存在，主要包括如下圖所示的幾方面。

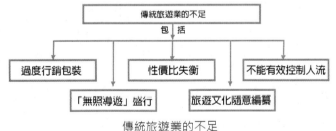

傳統旅遊業的不足

面對這樣的旅遊現狀，很多店家看到了另一個商機——虛擬旅遊，什麼是虛擬旅遊？虛擬旅遊就是指透過虛擬實境技術，建構一個基於現實旅遊景觀的虛擬旅遊情境，使用者只要透過虛擬實境設備就能觀賞各處的美景。

簡單地說，虛擬旅遊就是讓使用者足不出戶，就能欣賞到世界美景的一種技術。隨著社會的發展，人們的生活節奏越來越快，生活壓力和工作壓力也越來越大，旅遊便成為人們休閒娛樂、放鬆心情的方式之一，但是對於大多數人來說，時間和精力成為出門旅遊的最大難題，雖然有國定假日，但是與其出去面對寸步難移的、人山人海的場景，還不如「宅」在家享受屬於自己的休閒時光。

而虛擬旅遊能夠解決這一系列問題，雖然虛擬旅遊發展時間並不長，但是它以其獨特的優勢成為店家們的必爭之地，虛擬旅遊的優勢主要包括如下圖所示的幾點。

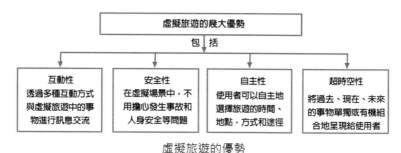

虛擬旅遊的優勢

下面筆者為大家介紹旅遊產業的虛擬實境技術的應用。

1·虛擬導遊訓練系統

隨著旅遊業的快速發展，導遊的重要性也越來越突顯，傳統線下的導遊培訓往往存在如下圖所示的問題。

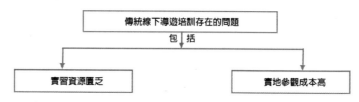

傳統導遊培訓存在的問題

　　基於這些問題，如何改善導遊的教學過程、提高教學品質，就成為導遊培訓產業必須解決的難題之一。

　　透過虛擬導遊訓練系統，能夠很好地幫助導遊產業進行人才的培訓，有關虛擬導遊訓練系統的介紹如下圖所示。

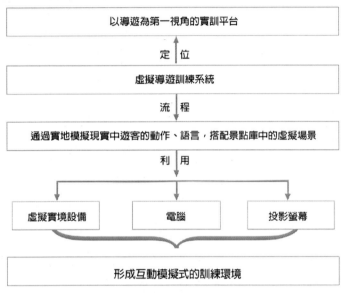

虛擬導遊訓練系統的相關介紹

　　透過虛擬導遊訓練系統，使用者可以進入完全沉浸式的學習，首先模擬出真實的旅遊路線，然後根據模擬情境進行導遊實踐演練，這樣不僅能夠提高學習效率，還能強化學習的娛樂性。

2・古文物建築復原系統

　　透過虛擬實境技術和網路技術，可以將古代文物及建築的展示、保護提升到一個新高度，主要體現在如下圖所示的幾方面。

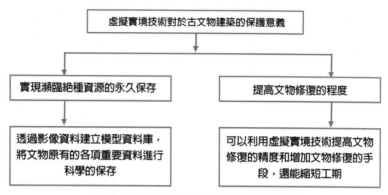

虛擬實境技術對於古文物建築的保護意義

同時，虛擬實境技術能夠幫助人們遠程欣賞那些具有極高研究價值的古文物和建築，推進文物遺產產業更快地進入資訊化時代。

目前，虛擬實境技術能夠在文物古蹟虛擬模擬方面提供的服務如下圖所示。

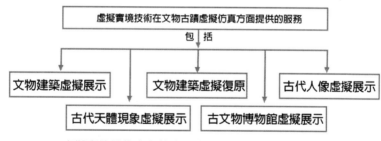

虛擬實境技術在文物古蹟虛擬模擬方面提供的服務

3・景點虛擬全景規劃

將虛擬實境引入景點全景規劃中，起源於虛擬實境在建築領域的應用，其主要流程如下圖所示。

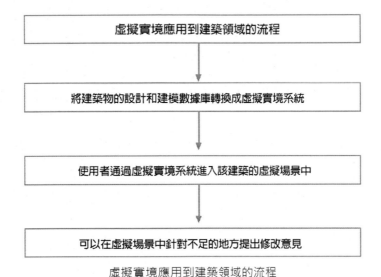

虛擬實境應用到建築領域的流程

同樣的思路也可以應用在景點全景規劃上，流程如下圖所示。

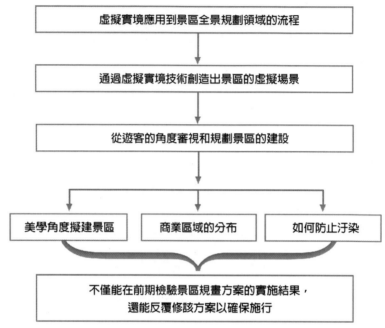

虛擬實境應用到景點全景規劃領域的流程

6.4.2　旅遊產業案例分析

在虛擬實境旅遊領域有很多優秀的案例，本節為讀者介紹幾個比較典型的虛擬實境旅遊的案例。

1．旅遊局開啟虛擬實境體驗

The Wild Within VR Experience 是由加拿大英屬哥倫比亞省旅遊局（Destination British Columbia, 以下簡稱 BC 省旅遊局）發布的一項虛擬實境體驗計畫，計畫主要以頭戴式顯示器為載體、以 BC 省的風景為虛擬 3D 影片的內容，讓遊客透過頭戴顯示設備，身臨其境般領略 BC 省的無限風光。

BC 省旅遊局執行長 Marsha Walden 女士認為，虛擬實境技術非常適合旅遊業的發展，它能夠讓使用者以全新的方式沉浸在 BC 省的風光中。

2 · 「絕妙的旅行」體驗

Travel Brilliantly 是由萬豪國際推出的一項虛擬實境主題活動，萬豪國際透過 Relevent 公司製造的內建 Oculus Rift 虛擬實境頭盔的「傳送點」，為使用者帶去一場「絕妙的旅行」。

當使用者戴上 Oculus Rift 虛擬實境頭盔之後，就可以瞬間轉移到倫敦或者是夏威夷，360 度無死角地觀賞四周的美景，包括頭上、腳下也都是影像，真正實現了身臨其境。

3 · Thomas Cook 發力

Thomas Cook 集團從 2014 年開始嘗試虛擬實境旅遊領域，目前提供虛擬實境體驗服務的分店有十個，使用者只要戴上虛擬實境頭盔，就能購買想要的體驗，然後在虛擬場景中欣賞自己想看的風景。

據統計，Thomas Cook 紐約門市的專案營收，因為虛擬實境體驗服務而增加了 190%。目前，Thomas Cook 集團和 Visualise 公司合作，計劃推出「旅遊錄影」。

「旅遊錄影」是一個透過相機進行 360 度全角度錄製的影片。

4 · 虛擬實境登月

很多人都有一個登月夢，然而能夠登上載人太空船飛上月球的人卻是鳳毛麟角，為了彌補這種缺憾，Immersive Education 製作了「阿波羅 11 號」的虛擬實境內容，使用者只需使用虛擬實境

設備就能實現登月夢。

「阿波羅 11 號」虛擬實境內容支持多個平臺，如下圖所示。

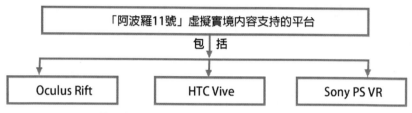

「阿波羅 11 號」虛擬實境內容支持的平臺

5・3D 青銅時代遺址

虛擬實境已經被應用在博物館體驗中，大英博物館聯手三星，在 Virtual Reality Weekend 中為 13 歲以上的遊客提供虛擬實境設備，讓遊客探索 3D 的青銅時代遺址。

此次 VR 展覽以青銅時代的一個居住區的圓屋為原型，遊客透過佩戴 Gear VR 設備可以體驗到由 Soluis Heritage 設計的虛擬實境穹頂。

除了透過佩戴 Gear VR 設備獲得虛擬實境體驗之外，還可以透過如下兩種方式來獲得。

- 三星 Galaxy 平板電腦
- 互動式「球幕電影」螢幕

6.5　房地產

房地產業的競爭越來越激烈，而如何在眾多專案中脫穎而出，讓客戶主動參與，就成了房地產行銷的關鍵，而這正是虛擬實境技術在房地產產業應用最明顯的優勢。

6.5.1　房地產產業分析

虛擬實境房地產通常以虛擬數位沙盤和房地產漫遊的形式出現在住房交易展覽會或銷售展覽廳上，在房地產領域，虛擬實境技術能夠發揮如下圖所示的作用。

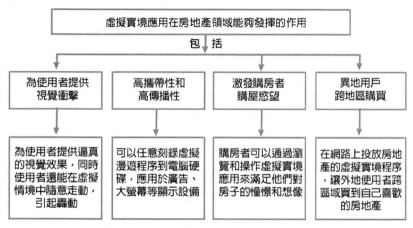

虛擬實境應用在房地產領域能夠發揮的作用

將虛擬實境技術應用到房地產領域一直被看好，原因在於透過虛擬實境 3D 互動系統，能夠將精緻的模型細節和優質的畫面效果帶給使用者。

下面筆者將為大家介紹房地產產業的虛擬實境技術的應用情況。

1・房地產開發

將虛擬實境技術應用在房地產開發領域，能夠帶來如下圖所示的優勢。

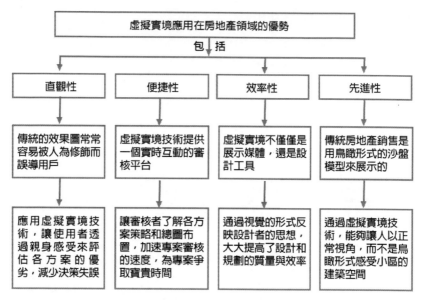

虛擬實境應用在房地產領域的優勢

2・房地產漫遊

　　房地產漫遊是指利用虛擬實境、3D 模擬技術將現實中的房地產虛擬情境化，然後讓人們在這個虛擬情境中，用動態互動的方式對建築或房屋進行身臨其境的全方位的審視，房地產漫遊的主要特點包括以下 3 點。

- 人機互動性；
- 真實建築空間感；
- 大面積 3D 地形模擬。

　　在房地產漫遊中，人們可以自由控制瀏覽路線，還能自由選擇運動模式，例如：行走、駕駛、騎腳踏車、飛翔等，如圖 7-64 所示為騎腳踏車漫遊模式。

　　房地產漫遊是一種全新的房地產行銷方式，在漫遊過程中，透過虛擬實境和 3D 模擬技術，能夠為使用者帶來強烈的、逼真的感官衝擊，獲得身臨其境的體驗。

　　據調查顯示，透過虛擬實境技術展示的房地產漫遊房產，比沒有虛擬實境技術展示的房產，購房效果和訪問率都有所增加。在與政府溝通和廣告層面，房地產漫遊具備下圖所示的優勢。

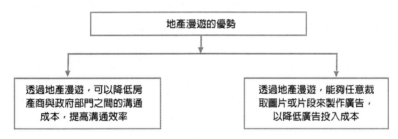

房地產漫遊的優勢

- 房地產漫遊的用途非常廣，包括：
- 網路產品推廣
- 房地產檔案保存
- 公司品牌推廣
- 公司網站展示
- 售樓現場展示
- 房地產專案展示
- 專案報價、建設
- 招商、招租等各類商業專案

3‧虛擬售房

在虛擬售房領域，應該透過如下圖所示的內容來滿足使用者多

樣化的需求。

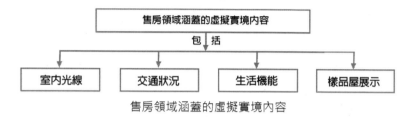

售房領域涵蓋的虛擬實境內容

在傳統的購房體驗中，買房無疑是非常勞累的一件事，需要人們耗時耗力地去找房、看房，但將虛擬實境技術應用在售房領域，就能夠讓買房客戶足不出戶便對房屋建築有一個準確的空間判斷，判斷的內容包括如下圖所示。

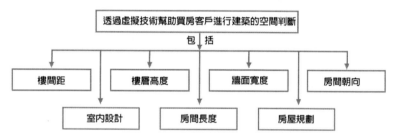

擬實境技術幫助買房客戶進行建築的空間判斷

而且對於房地產商來說，傳統的樣品屋還往往存在如下圖如所示的缺點。

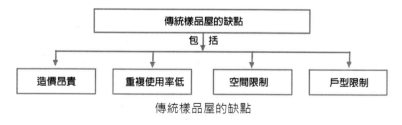

傳統樣品屋的缺點

這些問題透過虛擬樣品屋就能夠解決，在售房活動中，除了透

過虛擬樣品屋進行房屋銷售之外，還可以在線上進行虛擬實境看房銷售。對於買房使用者來說，透過虛擬樣品屋觀察房間構造，還可以進行一系列的自主設計操作，譬如透過替換家具的款式、材質、顏色等，來提高使用者的體驗度。

4·室內設計

對於房屋設計者來說，在設計房屋的時候，可以運用虛擬實境技術，按照自己的構思去裝飾建構虛擬房間，將自己放置在房間的不同位置，去觀察設計的效果，這樣做的好處如下圖所示。

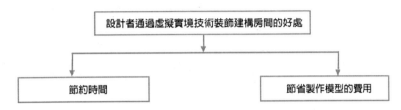

設計者透過虛擬實境技術裝飾建構房間的好處

對於買房客戶來說，開發商可以根據他們的要求，打造室內虛擬樣品屋，就像前面講到的，客戶可以在虛擬樣品屋裡隨意更換家居的擺設、款式、顏色，直到滿意為止。

5·場館模擬

場館模擬是指透過虛擬實境技術在電腦上虛擬現實的場館，打造一個模擬 3D 環境，場館模擬的意義如下圖所示。

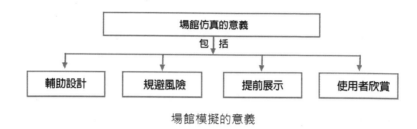

場館模擬的意義

　　現實生活中，場館建設最重要的就是前期的規劃，因為場館一旦建成，就不能再進行任何更改了，而透過虛擬實境技術建構虛擬場館，不僅能夠讓場館設計師們在虛擬場景中，發現並討論設計方面的不足，也能夠讓人們在虛擬場館中漫遊，並根據自身的感受提出意見。

6.6　影音媒體

　　隨著虛擬實境技術的不斷成熟，越來越多的領域開發出了全新的產業內容製作方法，影音媒體產業也跟隨時代腳步，欲為觀眾帶來互動式、身臨其境式的影音體驗。本節主要為讀者介紹虛擬實境在影音媒體領域的應用。

6.6.1　影音媒體產業分析

　　當虛擬實境技術和頭戴顯示設備在遊戲、醫療、城市規劃、房地產等領域開始縱橫的時候，另一個產業也在虛擬實境應用中悄悄地崛起，它就是虛擬實境電影業。

　　大型企業例如三星、Google 和 Oculus 等公司，都希望透過電影的形式將虛擬實境技術帶給觀眾，如今影視媒體產業盛行，電

影、影片成為人們最喜歡的消遣娛樂之一，因此每一個喜愛電影的人，都是虛擬實境產業的潛在客戶。

所以，虛擬實境技術如果在電影領域裡取得成功，一定會獲得非凡的傳播效應，成為市場上最主流的產業之一。

然而想要拍攝一部成功的虛擬實境電影並非容易的事，它有兩方面的要求，如下圖所示。

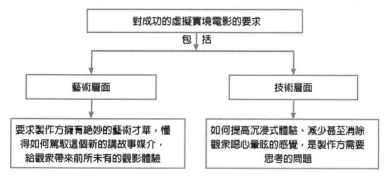

對成功的虛擬實境電影的要求

下面筆者將為大家介紹影音媒體的虛擬實境技術應用情況。

1．電視節目

虛擬實境電視節目就是透過虛擬實境技術，將已有的電視節目製作成虛擬節目，讓觀眾透過佩戴虛擬實境頭盔就能沉浸其中。

Next VR 是一家致力於發展虛擬實境電視直播服務的公司，透過特製的攝影機在比賽現場拍攝虛擬實境影片，然後透過網路直播提供給三星 Gear VR 使用者。Next VR 已經成功製作了 NBA 虛擬實境直播內容。

2・電影

3D 電影、4D 電影已經走進了人們的生活，現代科技的進步給電影業帶來顛覆的同時，也給觀眾帶來了更好的觀影體驗，而隨著虛擬實境技術的崛起，更多企業開始在虛擬實境領域布局，欲將虛擬實境技術帶入電影業：

- 一家名叫「Story Studio」的公司，主要任務是為虛擬實境電影編寫劇本和故事。
- Oculus VR 花費了 6 個月的時間製作了一部虛擬實境短片 LOST，這個短片完全是互動的，觀眾被固定在一個位置上，一旦朝某一方向凝視時動作才會進行下去，彷彿真的迷失了一樣。
- 三星製作了短片 Recruit，而且還簽下了《陰屍路》(The Walking Dead) 執行製片人 David Alpert，計劃打造全新的虛擬實境系列影片。
- 20th Century Studios 推出了虛擬實境短片《絕地救援》(The Martian)，並收購了一家虛擬實境技術公司，嘗試運用虛擬和擴增實境技術並與內容相結合。

3・音樂會

虛擬實境音樂會和其他虛擬影片一樣，都是先用特製攝影鏡頭記錄下現場音樂會的場景，然後使用者再透過虛擬實境相關設備，就能體驗一場身臨其境的音樂會了。

虛擬實境影視公司 Jaunt 發布了一段 Mc Cartney 的音樂會影片，該影片被發布到 Oculus 和 Gear VR 上，使用者透過 Google Cardboard、Oculus Rift 或者三星的 Gear VR 等虛擬實境設備，

再加上一套相容的 Android 設備就能下載使用，然後透過 360 度的視角享受音樂會帶來不一樣的體驗。

6.6.2　影音媒體產業案例分析

在虛擬實境影音媒體領域有很多優秀的案例，本節為讀者介紹幾個比較典型的虛擬實境影音媒體的案例。

1・荷蘭虛擬實境電影院

VR Cinema 是荷蘭一家創業公司準備著手打造的虛擬實境體驗電影院，這也將成為世界首個虛擬實境體驗電影院，同時該公司計劃將虛擬實境電影在歐洲巡迴放映。

與傳統電影院相比，該虛擬實境電影院具備如下圖所示的特點。

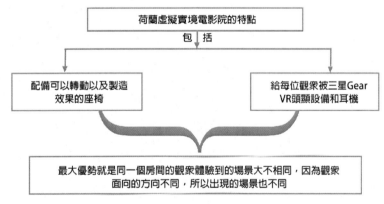

荷蘭虛擬實境電影院的特點

2・電影節虛擬實境專案

日舞影展（Sundance Film Festival）是全世界首屈一指的獨立製片電影節，與其他電影節相比，最大的特點如下所示：

- 能促進電影深度、技術與多樣性共同發展
- 是一個倡導獨立製片的電影節

日舞影展的獨立、創新的特點讓其成為虛擬實境電影的舞臺，在 2016 年 1 月就有 3 個虛擬實境電影專案上映，如下圖所示。

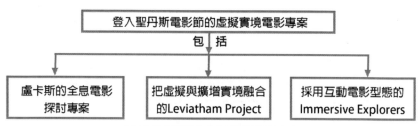

上映日舞影展的虛擬實境電影專案

1）盧卡斯的全息電影探討專案

盧卡斯影業推出了一個影視媒體實驗專案，該專案是透過影像工作者在實驗室透過特製的數位攝影機，從不同角度拍攝出來的全息影像，該專案主要用於探討全息或虛擬實境電影的細節及表現形式。

2）把虛擬與擴增實境融合的 Leviathan Project

Leviathan Project 專案能把 VR 技術和 AR 技術同時展現出來，具體表現形式如下圖所示。

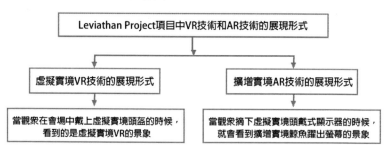

Leviathan Project 專案中 VR 技術和 AR 技術的展現形式

3）採用互動電影形態的 Immersive Explorers

Immersive Explorers 專案，主要是採用一種互動電影形態，讓觀眾不再只是從第三視角沉浸在電影中，而是參與到電影的情節中，透過虛擬實境設備共同冒險，這個非常吸引人。

3・虛擬實境電影製作設備

為了在虛擬實境領域有進一步的發展，Google 發布了一款虛擬實境電影製作設備，這款設備名叫 Google Jump。這款虛擬實境電影製作設備由 16 臺 GoPro 相機陣列組成，可以拍攝 360 度的 3D 照片和影片。

4・虛擬實境電影展

英國電影協會主辦的倫敦電影節與 Power to the Pixel 公司合作舉辦虛擬實境故事展，此次電影展中包括各類題材，如下圖所示。

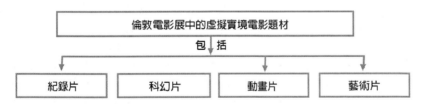

倫敦電影展中的虛擬實境電影題材

所有題材的電影都會被設計成虛擬實境電影，參展的電影作品共有 16 部左右，其中不乏大家耳熟能詳的作品，如下圖所示。

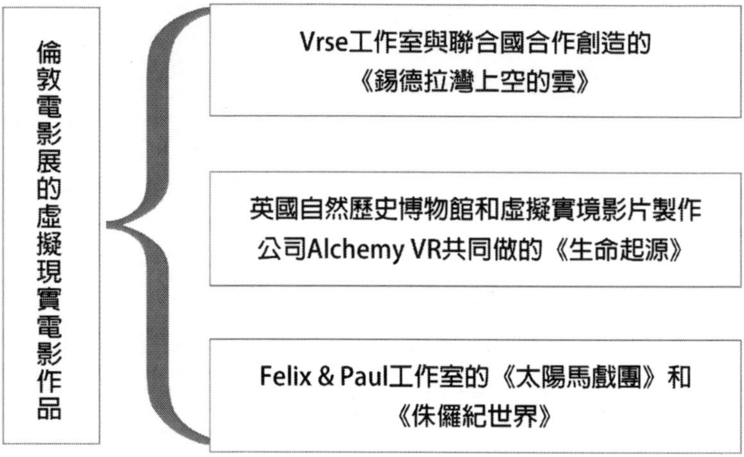

倫敦影展的虛擬實境電影作品

5．ABC 新聞《Inside Syria VR》

美國 ABC 新聞與虛擬實境影視公司 Jaunt VR 聯合製作了虛擬實境新聞報導 Inside Syria VR，透過虛擬實境技術讓觀眾體驗處於危機中的敘利亞。

該虛擬實境新聞報導相容了 iOS 和 Android 系統，iOS 和 Android 系統的使用者想要獲得該虛擬實境新聞報導，就要進行如下圖所示的操作。

使用者獲得虛擬實境新聞報導的操作流程

6・音樂影片 Song for Someone

Vrse 公司 CEO 克里斯·米爾克稱虛擬實境是人類的終極媒體，它將改變人類享受娛樂的方式，Vrse 公司與 Apple Music 聯合為 U2 樂隊打造了一段虛擬實境音樂影片——Song for Someone。

該音樂影片透過虛擬實境技術，讓 U2 樂隊的粉絲透過第三方虛擬實境頭戴顯示器和 Beats 耳機體驗到現場演唱會的氛圍，同時虛擬實境音樂影片還是蘋果推出的第一段虛擬實境影片，它象徵著蘋果踏出了向虛擬實境領域進軍的第一步。

6.7　能源模擬

能源產業一直是一個應用潛力巨大的產業，伴隨著能源的迅猛發展，如何提高能源專案執行效率並控制成本，是國家和企業所要面臨的巨大挑戰，將虛擬實境技術應用在能源領域，或許能夠有效減少能源問題，本節主要為讀者介紹虛擬實境在能源模擬領域的應用。

123

6.7.1　能源模擬產業分析

　　虛擬實境模擬系統適用於煤炭、石油、電力等領域，它包括能源應急模擬系統、能源設備管理系統、能源安全管理系統、能源生產管理系統等，虛擬實境能源的研究、開發及應用，具有重要的意義，如下圖所示。

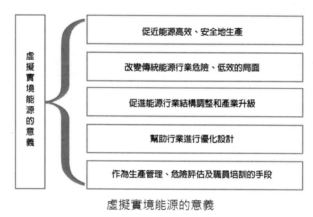

虛擬實境能源的意義

　　下面筆者為大家介紹能源模擬產業的虛擬實境技術的應用情況。

1．煤礦模擬

　　目前，在煤礦的生產過程中，工人和企業面臨的最大問題就是安全問題，煤礦模擬系統能夠幫助人們對極端環境和危險環境有個全面的認識，如下圖所示為煤礦模擬系統。

煤礦模擬系統

煤礦生產模擬系統的原理和特點如下圖所示。

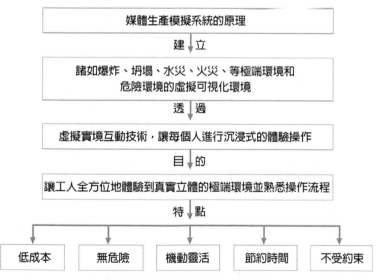

煤礦生產模擬系統的原理和特點

2．石油模擬

石油作為一種重要的策略物資一直備受人們的關注，在生產方面，石油具備如下圖所示的特點。

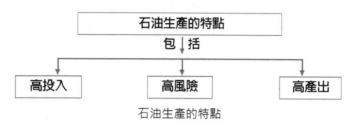

石油生產的特點

由於石油生產的這些特點，很多企業都非常重視石油的生產過程，尤其是鑽採過程的管理和監控，石油模擬系統能夠幫助模擬鑽採過程，幫助鑽採工人提高生產效率、避免事故的發生。

石油模擬系統可以被應用在如下圖所示的方面。

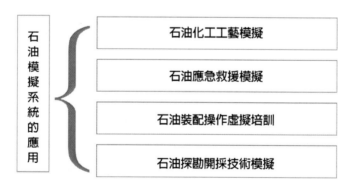

石油模擬系統的應用

3．電力模擬

電力模擬系統是將虛擬實境技術應用於電力站的模擬系統，目前主要用於員工的培訓。

電力模擬系統和電力安全生產已經密不可分，如下圖所示。

電力模擬系統和電力安全生產的關係

4．水利模擬

水利模擬系統主要用於建立水利水電工程的全 3D 模型，其中包括如下圖所示的內容。

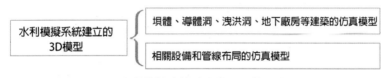

水利模擬系統建立的 3D 模型

透過水利模擬系統建立的 3D 模型與現實物理數據完全相關，因此可真實反映工程建成以後的面貌。

6.7.2　能源模擬產業案例分析

在虛擬實境能源模擬領域有很多優秀的案例，本節為讀者介紹幾個比較典型的虛擬實境能源模擬的案例。

1．機器人作業虛擬模擬系統

機器人作業虛擬模擬系統，又稱機器人處理核廢料虛擬模擬培訓系統，它是一款幫助工作人員熟練操控遠端機器人完成核廢料清理工作的培訓系統。

　　該系統透過模擬機器人在高輻射的環境中執行任務，實現對物體的切割、搬運等操作，幫助工作人員降低輻射的危險，系統由如下圖所示的 4 個部分組成。

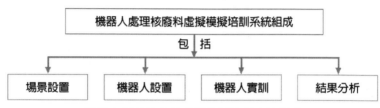

機器人處理核廢料虛擬模擬培訓系統組成

機器人處理核廢料虛擬模擬培訓系統的原理流程如下圖所示。

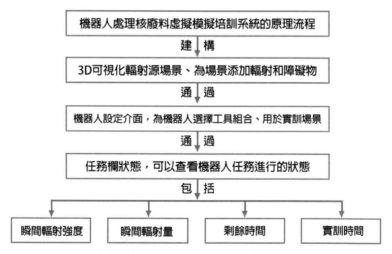

機器人處理核廢料虛擬模擬培訓系統的原理流程

2・緊急事故虛擬實境模擬系統

　　大型儲油區是典型高風險區域，一旦操作不當就容易引起火災、爆炸等事故，因此，企業對大型儲油區的安全性和操作人員的專業性要求很高。

　　緊急事故虛擬實境模擬系統，又稱石油石化緊急事故 3D 模擬系統，它是一套基於虛擬實境技術的大型儲罐區應急救援及安全培訓系統。這款 3D 模擬系統的教學原理、功能和意義如下圖所示。

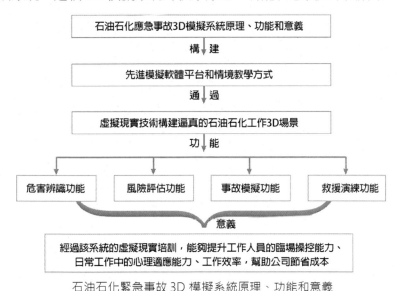

石油石化緊急事故 3D 模擬系統原理、功能和意義

3・電力檢測虛擬實境監控系統

　　電力檢測虛擬實境監控系統，又稱電力自動化檢測 3D 即時監控系統，它是一款對電力設備檢測現場進行模擬的監控系統。

　　透過該系統，工作人員能夠在虛擬情境中掌握相關設備儀器的工作狀態，同時結合人機互動技術，工作人員還可以查看虛擬場景中相關物品的參數，這些參數的內容和意義如下圖所示。

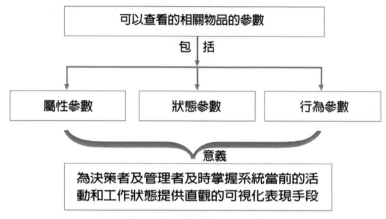

可以查看的相關物品的參數

4・變電所虛擬實境系統

變電所虛擬實境系統是一套基於虛擬實境技術和感測互動技術的沉浸式模擬系統。

智慧電網工程設備因資訊化、自動化和互動化等特徵，給企業在整合部署、安裝及測試等方面帶來了嚴峻的考驗，而虛擬實境技術的出現，將硬體、軟體、網路、應用等多層面資訊融合為一體，透過一系列技術可以幫助企業解決很多問題。

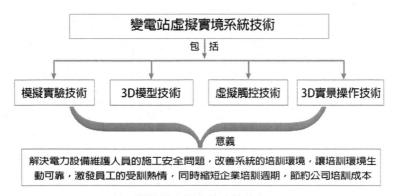

變電所虛擬實境系統技術

5‧礦井綜採 3D 模擬系統

在煤礦業中，礦井綜採 3D 模擬系統，又稱礦井綜採虛擬實境系統，該系統將礦井作業透過 3D 虛擬場景逼真地表現出來，如下圖所示。

在現實生活中，由於井下條件的限制，綜合機械化採煤工作面常常是事故好發地，將虛擬實境技術應用在這個領域，能夠為企業帶來如下圖所示的好處。

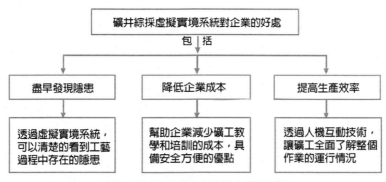

礦井綜採虛擬實境系統對企業的好處

6．核電廠 3D 模擬培訓系統

核電廠 3D 模擬培訓系統，又稱核電廠虛擬實境模擬培訓系統，該系統是一套核電廠模擬培訓系統，與其他模擬模擬系統相比，這套系統的優勢是培訓成本較低。

核電廠虛擬實境模擬培訓系統包括如下圖所示的設施。

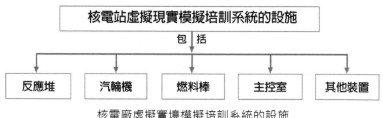

核電廠虛擬實境模擬培訓系統的設施

整個設施可以進行直觀的 3D 互動，涉及諸多培訓內容，具體內容如下圖所示。

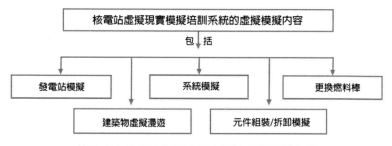

核電廠虛擬實境模擬培訓系統的虛擬模擬內容

傳統的核電廠模擬培訓方式是採用模擬器來進行操作的，然而，這種培訓方式不僅價格昂貴，而且受培訓人員數量和場地的限制，不能幫初級學員完成大量培訓任務。

而利用虛擬模擬軟體開發的模擬培訓系統，能夠幫助企業解決這些問題，而且為了實現逼真效果，對操作環境和操控室的操作功

能都有一定的要求。

- 要求操作環境具有真實感；
- 要求控制室的操作功能模擬符合物理實際。

核電廠虛擬模擬系統的應用，隨著虛擬模擬技術的日趨成熟，漸漸擴散到多個領域，包括：

- 早期的廠房和系統的漫遊、設備的拆裝；
- 後期的虛擬設備維修、人因工程等各個方向。

從以上內容可以看出，虛擬實境模擬技術對核電產業已經產生了獨特的深遠影響。

7．核電廠 3D 模擬培訓系統

為給油田專案創造一個相對安全的環境，阿拉伯石油公司創立了一個虛擬實境油田系統。

該系統給人們帶來沉浸式的虛擬實境體驗，透過虛擬場景讓人們了解石油工程的各個環節，包括勘察、開採和實踐，該系統的主要特點如下圖所示。

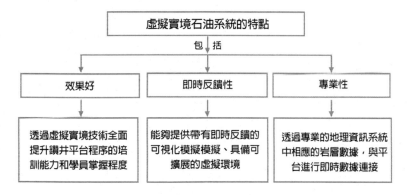

虛擬實境石油系統的特點

6.8　工業生產

　　隨著科學技術的發展，工業產業發生了巨大的變化，傳統的工業技術已經不再適應工業的發展，先進的科學技術發揮出巨大的力量，特別是虛擬實境技術的應用，為工業帶來了一場前所未有的革命。本節主要為讀者介紹虛擬實境在工業生產領域的應用。

6.8.1　工業生產產業分析

　　隨著社會的發展，產品在不斷地升級更新，產品構造也開始變得複雜多樣，單純地使用 2D 工程圖或靜態的 3D 圖已經無法將產品設計師的思想全部表達出來，因此虛擬實境技術開始被應用在工業生產上，用互動的方式將虛擬產品情境和人們相連，大大地豐富了資訊內容的傳遞方法。

　　虛擬實境技術的應用，使工業設計的方法和思想發生了品質的大幅提升，目前虛擬實境技術已經被應用在工業模擬、汽車模擬與船舶製造等領域。

　　下面筆者將為大家介紹工業生產產業的虛擬實境技術的應用情況。

1．工業模擬

　　什麼是工業模擬？工業模擬系統不是傳統意義上的簡單的場景漫遊，它是一種結合使用者業務層功能和資料庫數據，組建一套完整的系統，用於指導工業生產的模擬系統。

　　簡單來說，工業模擬就是將物理工業中的各個模組資料整合到一個虛擬體系中，在該虛擬體系中將工業中的每一個流程都表現出

來，再透過互動模式與該虛擬體系中的各個環節展開互動。

　　虛擬實境系統應用於工業模擬領域，能夠憑藉其如下圖所示的功能，為工業模擬創造出更多優秀的互動模擬方案。

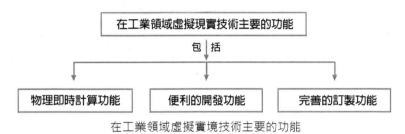

在工業領域虛擬實境技術主要的功能

　　工業模擬的效果主要依託於虛擬實境模擬平臺軟體，因此，工業模擬對軟體的技術有一定的要求，如下圖所示。

工業模擬對軟體技術的要求

　　工業模擬技術的應用，能夠為企業帶來多方面的好處，如下圖所示。

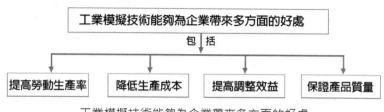

工業模擬技術能夠為企業帶來多方面的好處

2．汽車模擬

汽車模擬系統就是透過虛擬實境技術和電腦輔助技術，將轎車開發的各個環節都置於電腦技術所構造的虛擬環境中的綜合技術，汽車模擬系統通常分為如下圖所示的 5 個部分。

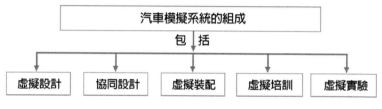

汽車模擬系統的組成

1）虛擬設計

汽車虛擬設計透過虛擬實境技術、網路技術和產品資料管理技術，可以快速地建立產品的模型，通常被運用在汽車產品的系列化設計、異地設計和變型設計上。

2）協同設計

以往汽車的設計往往是由多個設計部門針對汽車的不同部分進行分工設計，因此容易造成設計工作完成後出現很多問題，諸如資料格式不協同、機械問題等。

汽車模擬系統中的協同設計平臺，能夠即時獲取不同部門設計

師的不同設計成果，進行快速整合，創造出汽車的 3D 模型，幫助及時發現工作中的問題。

3）虛擬裝配

虛擬裝配通常運用在汽車產品製作加工之前，透過虛擬裝配系統，設計人員可以全方位地檢查零部件之間的狀態，虛擬裝配系統的作用如下圖所示。

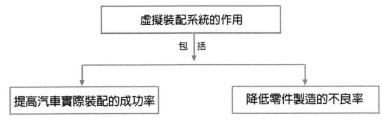

虛擬裝配系統的作用

4）虛擬培訓

虛擬培訓系統，是為了幫助員工熟悉汽車生產裝配流程，避免在汽車的製造過程中出現錯誤，從而減少企業的經濟損失。

5）虛擬實驗

在建立了汽車整車或分系統的 CAD 模型之後，可以採用虛擬實驗技術在電腦上進行虛擬模擬實驗，來預測汽車如下圖所示的各種性能。

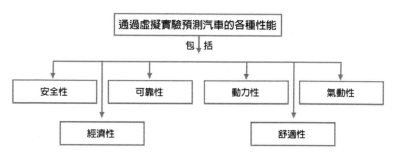

透過虛擬實驗預測汽車的各種性能

在進行虛擬實驗時，不僅可以模擬真實的環境、阻力、負荷等各種實驗條件，還可以進行虛擬人機工程學評價、虛擬風洞試驗、虛擬碰撞試驗等。

3．船舶製造

在船舶設計領域，虛擬實境技術涵蓋許多領域，如下圖所示，透過虛擬實境技術，企業能夠及早發現船舶建造中的問題，真正實現船體建造、設計、維護、管理一體化。

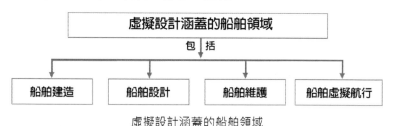

虛擬設計涵蓋的船舶領域

6.8.2　工業生產產業案例分析

在虛擬實境工業生產領域有很多優秀的案例，本節為讀者介紹幾個比較典型的虛擬實境工業生產的案例。

1‧Wincomn 量身客製軟體開發平臺

Wincomn 科技能夠根據客戶的需求，量身打造不同軟體開發平臺和整合硬體平臺，在工業模擬領域，Wincomn 科技能夠為客戶提供如下圖所示的解決方案。

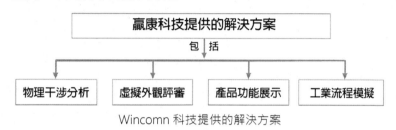

Wincomn 科技提供的解決方案

1）物理干涉分析

在生產工業產品時，物理干涉分析是很重要的一個環節，它具備以下兩個作用。

減少產品的研發錯誤

提高產品的可用性

將物理干涉分析顯示在沉浸式立體顯示環境中，會提高分析驗證的準確性。

2）虛擬外觀評審

虛擬外觀評審平臺是指針對工業設計環節，將虛擬實境技術、視覺化技術、人機互動技術等結合在一起，形成一種直觀的、逼真的評估環境。

3）產品功能展示

在產品設計、生產及管理的週期過程中，採用虛擬實境技術進行產品功能展示可以造成兩個重要的作用，如下圖所示。

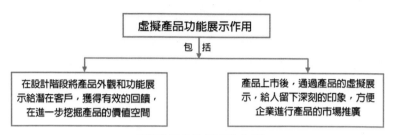

虛擬產品功能展示的作用

4）工業流程模擬

很多工業流程是很難被完整地展示出來的，尤其是大型工業生產流程，但是透過虛擬實境技術和模擬技術，可以從多角度將這些生產流程模擬在螢幕上。

2‧3D 輕量化瀏覽器 SView

3D 輕量化瀏覽器 SView，是一款可應用於工業領域的高性能的 3D 視覺化應用軟體。

SView 能夠提供如下圖所示的功能。

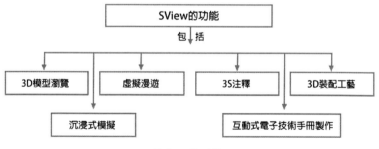

SView 的功能

透過 SView 的嵌入式部署，有利於形成產品生命週期管理的 3D 視覺化解決方案，其中產品生命週期管理的關鍵環節包括如下

圖所示的內容。

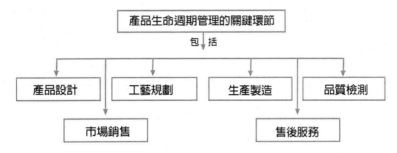

產品生命週期管理的關鍵環節

3·VRP-PHYSICS 系統

VRP-PHYSICS 系統是一款虛擬實境物理系統引擎，該系統主要應用於工業模擬、旅遊教學、軍事模擬等多個領域，是一款適合高科技工業模擬的虛擬實境物理系統引擎。

VRP-PHYSICS 系統賦予虛擬實境場景中的物體以物理屬性，符合現實世界中的物理定律，具備如圖所示的功能特點。

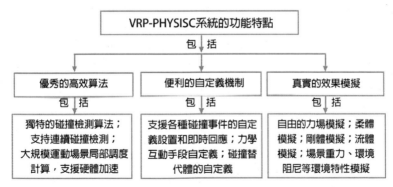

VRP-PHYSICS 系統的功能特點

目前，VRP-PHYSICS 系統已經被廣泛應用於工業產業的虛擬

模擬中，如下圖所示。

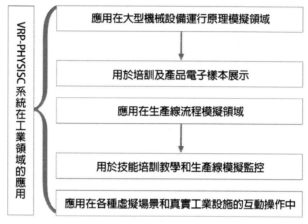

VRP-PHYSICS 系統在工業領域的應用

第 7 章　行銷：企業的下一個重大
　　　　事件

學前提示

　　互動行銷和場景行銷，已經漸漸成為重要的虛擬實境行銷，讓使用者直觀地感受到虛擬實境技術的魅力，即是這兩種行銷方式與其他行銷方式的不同之處。

7.1　虛擬實境＋互動行銷

　　什麼是互動行銷？互動行銷就是消費者和企業雙方在互動中展開的一種行銷方式，互動行銷最大的特點是抓住互動雙方的共同利益點，然後找到巧妙的溝通時機和方法，從而將雙方緊密地結合在一起。

　　互動行銷應用在虛擬實境領域裡，能夠達成如下圖所示的作用。

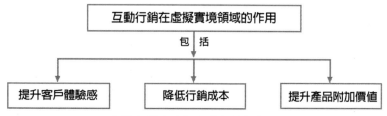

互動行銷在虛擬實境領域的作用

　　下面筆者為大家介紹虛擬實境＋互動行銷的相關知識。

7.1.1　為使用者帶來逼真體驗

　　在虛擬實境的互動行銷中，消費者通常希望獲得逼真體驗，世界上首款虛擬實境全身觸控體驗套件 Teslasuit，就是透過肌肉電脈衝刺激（EMS）技術，來讓消費者獲得真實的感覺，例如被擁抱

的感覺、被子彈射中的感覺或者在沙漠中被灼曬的感覺等。

　　Teslasuit 主要利用溫和的電子脈衝來刺激人們的身體，從而模擬出各種不同的感覺，當使用者戴上頭盔後，就好像將真實世界和虛擬實境世界完美融合在一起。

　　Teslasuit 設備主要由如下圖所示的幾部分組成。

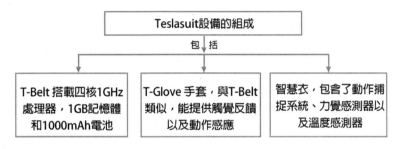

Teslasuit 設備的組成

7.1.2　為使用者帶來感官體驗刺激

　　感官體驗，顧名思義，就是透過眼、耳、口、鼻等幾大感官給消費者帶來的視覺、聽覺、味覺、嗅覺上的體驗和感受。在虛擬實境領域中，感官體驗是最直接的刺激，其最主要的作用如下圖所示。

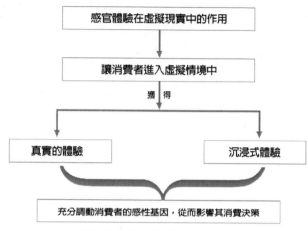

感官體驗在虛擬實境中的作用

7.1.3　虛擬實境＋電商

　　將虛擬實境運用到電商領域會發生什麼？會發生顛覆性的改革，虛擬實境電商會透過更高級的互動方式，帶給人們更好的購物體驗。

　　針對目前的電商平臺，未來虛擬實境電商平臺會有哪些不同呢？如下圖所示。

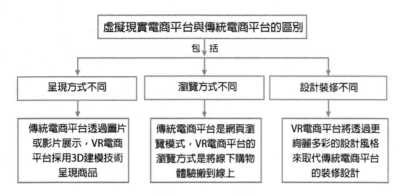

未來虛擬實境電商平臺與傳統電商平臺的區別

7.2　虛擬實境＋場景行銷

場景是推進網路發展的根本驅動力，而虛擬實境又是透過智慧可穿戴設備將人們帶入另一個虛擬的時空，然後在虛擬場景中產生各種真切的感受，如果將虛擬實境的場景行銷發揮到極致，一定會為店家帶來不可預測的價值。

按照人們生活的場景，場景行銷可分為兩類，如下圖所示。

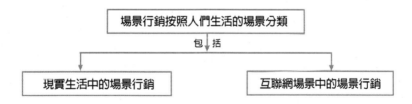

場景行銷按人們生活的場景進行分類

場景行銷的特點如下圖所示。

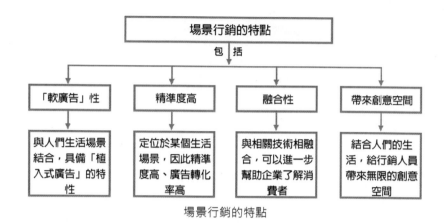

場景行銷的特點

如果說場景 1.0 是網路場景體驗時代，那麼虛擬實境的到來，跨越了場景時代的實體景象的體驗，開始走入了虛擬世界的場景 2.0 時代。

下面為大家介紹虛擬實境＋場景行銷的相關知識。

7.2.1　各領域虛擬實境場景應用

VR 眼鏡已經成為虛擬實境的入口，企業和店家們紛紛入局虛擬實境領域，人們最常看到的虛擬實境場景是「虛擬實境＋遊戲」、「虛擬實境＋電影」、「虛擬實境＋娛樂」、「虛擬實境＋醫療」、「虛擬實境＋教育」、「虛擬實境＋體育」等。

- 在醫療領域，透過虛擬實境編寫的病例影片，讓醫生進行逼真的實地操作，從而提升醫療新手的技術，或者透過虛擬實境讓病人置身於某個場景中，轉移病人的注意力，幫助病人減輕病痛，或者透過虛擬場景進行醫學知識的學習。

- 在遊戲領域，透過虛擬實境讓玩家置身於遊戲場景中，與

148

喜愛的經典遊戲人物親密接觸，提高感官刺激的同時強化玩家的幸福指數。

- 在電影領域，透過虛擬實境頭盔和眼鏡，幫助人們進入沉浸式的觀影世界，享受逼真的電影場景。

- 在教育領域，學生的課堂不再是傳統的書本上的以二維平面的方式展現的文字和內容，而是採用虛擬實境的全景教學模式，讓學生進入完全沉浸式的學習狀態。

- 在娛樂方面，透過虛擬實境眼鏡，親身感受一場演唱會的現場氛圍、欣賞一場脫口秀節目。

- 在體育方面，透過虛擬實境和籃球巨星科比來一場 3 分球對決，或者進行一場刺激的、驚險的攀岩運動。

- 除此之外，透過 VR 實現的場景還有很多，如下圖所示。

通過VR實現的其他場景

用VR看新聞：打開客戶端，進入新聞事件中，親身體驗新聞事件發生的經過。

用VR看路況：通過虛擬駕駛測評系統，將真實的尖峰時刻場景呈現在眼前，選擇最通暢的道路駕駛，如圖8-13所示。

用VR開視訊會議：會議上，大家可以在同一個場景內看見所有人，可以一起看影片、一起上網，就像大家圍坐在一起一樣。

用VR玩意念遊戲：透過VR頭盔，進入賽車遊戲場景中，意念越集中，專注度越高，賽車的速度就越快。

用VR登山：戴上VR眼鏡，穿上特製的登山鞋，爬山峰、過淺道、走吊橋，隨時隨地享受登山的刺激，如圖8-14表示。

透過 VR 實現的其他場景

7.2.2　各領域擴增實境場景應用

擴增實境場景和虛擬實境場景在應用時，有很多交叉的領域，譬如武器、飛行器的研發、數據模型視覺化、虛擬訓練、娛樂等，在這些領域中，兩者有著類似的應用，除此之外，擴增實境因其能夠對真實環境具有強化顯示的作用，因此，在某些應用場景中，AR 具備更明顯的優勢，比如：

- 在醫療領域，醫生透過擴增實境技術，能夠精準地定位手術的部位。
- 軍事領域，透過擴增實境技術，可以精確地進行方位識別。
- 在文化遺產保護領域，透過擴增實境技術，觀眾可以看到古文物上殘缺部分的虛擬重構資訊。
- 在器械維修領域，透過擴增實境技術和頭戴式可視設備（HMD），使用者可欣賞到設備的內部結構和設備維修時的零件圖等。
- 在遊戲領域，擴增實境技術能夠讓全球不同的玩家進入同一個場景中，以虛擬替身的形式對戰。
- 在旅遊領域，透過擴增實境技術，讓遊客在遊玩的過程中，能夠觀看展品的相關資訊資料，或者遊客在陌生的城市，透過擴增實境技術，就能夠了解附近店家、建築等的相關資訊數據資料。
- 在交通領域，透過擴增實境技術，可以實現城市交通智慧導航。

7.2.3 桌上型電腦虛擬實境場景行銷

在桌上型電腦進行場景行銷是網路發展的必然趨勢，因為網路順應了人類對場景的訴求，這種訴求就是透過網路實現更為美好的生活體驗。

而從 2014 開始，虛擬實境場景行銷成為網路的下一個風口，搶占桌上型電腦的虛擬實境場景行銷成為店家必然之舉。

7.2.4 行動裝置虛擬實境場景行銷

智慧型手機成為人們隨身攜帶的物品之一，各大店家開始開發出各類軟體供消費者使用，可以說，行動時代給人們帶來了更便利的體驗。虛擬實境行動裝置最早開發的是 Google 的 Cardborad，然後是三星和 Oculus 一起開發的 Gear VR，與 Cardborad 相比，Gear VR 具備如下圖所示的特點。

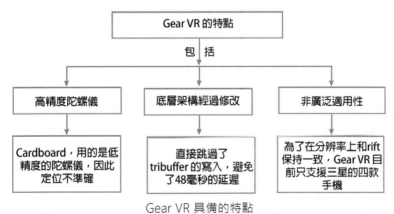

Gear VR 具備的特點

行動裝置的場景行銷更多的是需要創意，用創意來吸引使用者，用創意來打動使用者，再加上虛擬實境的沉浸式體驗，很容易

獲得一批忠實客戶。

7.2.5　場景行銷走進人們生活

現實生活中，已經有很多店家開始透過虛擬實境技術進行場景行銷策略：

1．「UNSTAGED」

美國著名歌手 Taylor Swift 在新歌 Blank Space 發布時，製作了一款 360 度互動式的影片應用──「UNSTAGED」，使用者可以在虛擬實境場景中發現各種隱藏的線索，這項充滿創意的虛擬實境場景行銷模式，在艾美獎中獲得了「原創互動節目」的殊榮。

2．內馬爾虛擬實境軟體

運動品牌 Nike 針對足球愛好者，推出了一款內馬爾虛擬實境軟體，這款軟體能夠讓使用者從內馬爾的視角，享受從帶球過人至最後得分等一系列精彩動作。

3．SUBWAY 的場景行銷

SUBWAY 利用虛擬實境進行了一次場景行銷，位於倫敦街頭的人們，會看到一輛紐約風格的計程車，這場虛擬實境的場景行銷的玄機就暗藏在這輛計程車上，當人們拿著 SUBWAY 三明治坐進這輛計程車的時候，就能夠一邊欣賞紐約的風情，一邊品嚐美味的三明治。

4．Škoda 的 AR 互動行銷

為了讓使用者更深入地了解一款車型，Škoda 運用擴增實境技術在倫敦的滑鐵盧火車站舉辦了一場大型的行銷活動，活動內容如下圖所示。

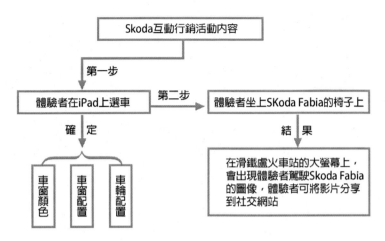

Škoda 互動行銷活動的內容

7.3　虛擬實境行銷的案例分析

相比於傳統的行銷方式，VR 的互動行銷方式和場景行銷方式給人帶來了深刻的印象，本節給讀者介紹幾個「虛擬實境＋互動行銷」、「虛擬實境＋場景行銷」的經典案例。

7.3.1　Abarth 汽車：AR 賽車遊戲

AR 賽車遊戲是一種十分受人青睞的虛擬實境賽車遊戲，在席擬遊戲場景中，逼真的賽車畫面感以及真實的汽車引擎聲，能夠讓玩家享受無窮的樂趣。

Fiat 集團旗下的品牌 Abarth 汽車，在發表「Fiat 500 Abarth」新車的同時，利用 Total'Immsion 公司研發的擴增實境解決方案，製作了一款 AR 賽車遊戲。玩家若想啟動賽車，只要拿起圖卡對準攝影機即可；對速度有追求的玩家，可以透過「渦輪增

壓引擎」實現；想要改裝賽車，透過選擇圖卡上的按鈕，就可以進行改裝。

　　遊戲中配合 Abarth 獨特的引擎聲以及沸騰的音樂聲來激發玩家的興趣，除了聲效方面的特點之外，還有地形上的場景變化，從「都市街道」進入「山地」，一方面讓玩家體驗真實的賽車感覺，另一方面展現了 Abarth 的獨特性能。

在遊戲上對賽車進行改裝的內容

　　除了以上提到的內容之外，Abarth 在「模擬駕駛」上也下了很大功夫，具體包括如下圖所示的內容。

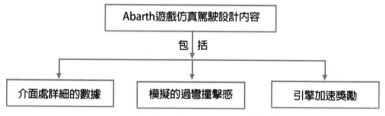

Abarth 遊戲的模擬駕駛設計內容

7.3.2　超時空水舞互動體感遊戲

　　為宣傳 OLAY 新推出的長效補水保濕產品，愛迪斯創意利用 AR 擴增實境技術，推出了「超時空水舞」的互動體感遊戲。

　　使用者走進舞池就會看到 Angelababy 好像就在身邊，並隨

機做出一系列互動的動作。

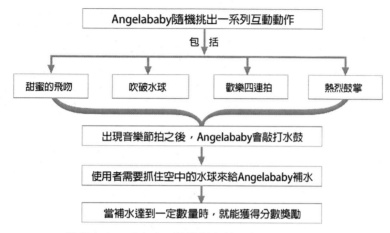

遊戲中 Angelababy 隨機做出的一系列互動的動作

7.3.3　綠光戰警 AR 變身活動

　　華納兄弟電影公司為電影《綠光戰警》舉辦了「加入軍團勇者無懼」的 AR 變身活動，這次活動的相關介紹如下圖所示。

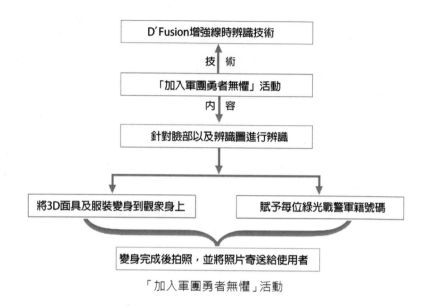

「加入軍團勇者無懼」活動

7.3.4　Bean Pole Jeans 互動舞臺

Bean Pole Jeans 服飾為推廣品牌，打造行銷效果，特別請來了韓國人氣女團 miss A 代言，在這一系列的活動中，透過 D' Fusion 擴增實境技術，推出了 Bean Pole Jeans 虛擬實境互動舞臺。

7.3.5　Thinkpad 零距離品牌體驗

為了將品牌形象深刻地融入消費者的生活，Thinkpad 運用 D'Fusion 擴增實境技術將小黑系列的電腦透過網路與消費者的生活結合，產生幾乎零距離的品牌體驗。

7.3.6　智慧電動概念車「neora」

東風裕隆集團採用高效感測器「MVN 人體慣性動作擷取裝

置」技術，推出了智慧電動概念車「neora」，同時呈現 neora 智慧虛擬人的創新性能，如下圖所示。

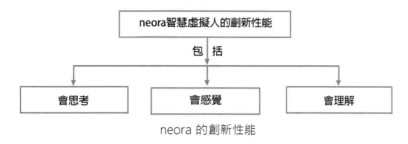

neora 的創新性能

為了展現 neora 的核心智慧、綠色節能與全新智慧電動車的概念，neora 不僅與主持人、現場來賓互動，還做出了高難度的舞蹈動作，吸引了人們的目光。

7.3.7　透過宣傳單體驗 AR 技術

菲律賓本田汽車將 D'Fusion 擴增實境技術作為本田 Jazz 元素的一部分，透過本田 Jazz 的宣傳單，使用者可以隨意把玩欣賞 Jazz 的 3D 立體車身。

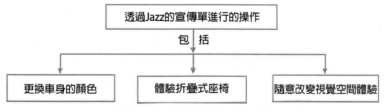

透過 Jazz 的宣傳單進行的操作

7.3.8　360 度的足球體驗之旅

如果想要在伊蒂哈德球場上體驗一場 360 度的足球之旅，並體驗到那種身臨其境的感覺，可以嘗試 CityVR 程式，CityVR 是一

個面向 Android 和 iOS 設備的虛擬實境應用程式，它能夠與限量版的曼徹斯特城設備配合使用。

7.3.9　AR 互動式型錄帶來極致體驗

在第十一屆國際汽車展覽會中，寶獅（PEUGEOT）汽車透過 D' Fusion 擴增實境的核心技術，創造出 AR 互動式型錄，為使用者帶來極致的賞車體驗，如下圖所示。

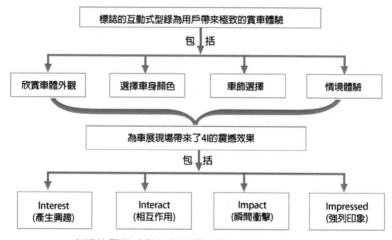

寶獅的互動式型錄為使用者帶來極致的賞車體驗

7.3.10　AR 時尚洗衣遊戲機臺

著名衣物洗護品牌碧浪（Ariel）曾為推廣「汙漬自溶科技」技術，利用 AR 擴增實境技術，打造出了一臺「AR 時尚洗衣遊戲機臺」，消費者想要啟動「碧浪魔棒」，只需要透過 AR 辨識圖卡即可實現，而如果想要觀賞「藍色強效去汙粒子」的去汙過程，消費者只要用圖卡將「碧浪魔棒」移動到有汙漬的地方即可。

7.3.11 嘉年華之 AR 互動遊戲

「百事足球嘉年華」活動是百事可樂為喜歡足球的青年們創造的一個網路互動活動。活動以虛擬百事罐作為積分單位，使用者透過賺錢並花費虛擬百事罐，可以在活動中進行一系列的互動遊戲，同時活動還加入了 D'Fusion 擴增實境技術，能夠讓使用者體驗一次當世界盃足球賽守門員的快感。

7.3.12 3D 足球互動遊戲熱潮

幾年前在阿凡達掀起 3D 熱潮的時候，世界盃足球恰逢來臨，為了搭上世界盃足球和阿凡達 3D 電影的快車，品客將擴增實境技術 D'Fusion 導入一款足球遊戲中，使用者只要拿起品客洋芋片罐就能玩。

7.3.13 360 度體驗新 XC90 車

透過虛擬實境技術，連同 Google Cardboard 的幫助，富豪汽車（VOLVO）可以讓顧客在家裡對 XC90 車進行虛擬試駕。具體操作流程如下圖所示。

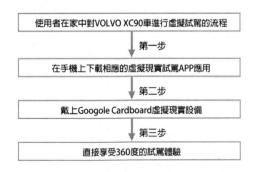

使用者在家中對富豪 XC90 車進行虛擬試駕的流程

7.3.14　Dior Eyes 觀看時裝秀

Dior 時尚品牌在虛擬實境領域也做出了自己的貢獻，先是為虛擬實境創造了一部短片，之後還發明創造了一款超級點擊觀看虛擬實境頭戴設備——Dior Eyes。

Dior 時裝秀是極度專屬的活動，一般人無法到現場觀看，但是透過 Dior Eyes 的虛擬實境技術，使用者可以被「傳送」到如下圖所示的虛擬場景中。

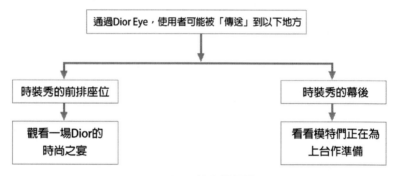

Dior Eyes 的虛擬場景

LOUIS VUITTON 集團公告說這款 Dior Eye 虛擬實境設備是與 DigitasLBi Labs 聯合研發的，因此擁有如下圖所示的性能。

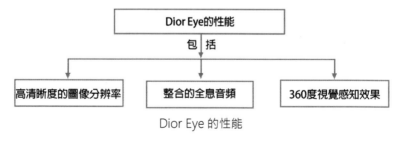

Dior Eye 的性能

7.3.15 參觀虛幻世界的活動

為宣傳第五季《冰與火之歌：權力遊戲》（Game of Thrones），GoT Exhibit 在倫敦 02 體育館舉辦了一場以虛擬實境技術參觀虛幻世界的活動，粉絲戴著虛擬實境頭盔，就能親身體驗走在《冰與火之歌》電視劇中那 700 英呎高的城牆上的感覺。

該虛擬實境場景技術使用的是 Unity 遊戲引擎研發出來的程式，在該場景中，使用者可以聽到轟隆的模擬聲音，以此來強化沉浸感。

7.3.16 收割蔓越莓的短片

每年蔓越莓收割的時候，因水漂浮的作用，蔓越莓能匯成一片紅海，那場景真是美不勝收，如下圖所示。

蔓越莓收割時的場景

然而，這一美景，卻很少有人看得到，因此 Ocean Spray 創

造了一個有關蔓越莓收割時的虛擬實境短片，該短片名為《最美的豐收》（The Most Beautiful Harvest），該短片是利用如下圖所示的設備拍攝的。

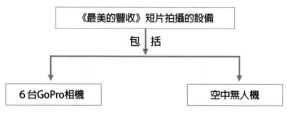

《最美的豐收》短片拍攝的設備

當觀眾使用 Oculus Rift 頭戴設備觀看短片的時候，就如同置身於蔓越莓收割時的場景中，觀看這片絕美的「紅色海洋」，除了可以使用 Oculus Rift 頭戴設備觀看該短片之外，消費者還能使用 Google Cardboard 觀看。

第 8 章　打破：VR 企業如何突破
　　　　瓶頸

學前提示

　　當虛擬實境相關的技術、系統和產品如雨後春筍般出現的時候，虛擬實境技術的問題也慢慢浮現，產品體驗不佳、內容輸出薄弱、社交性不強等問題困擾著店家們，如何突破瓶頸、虛擬實境未來的發展方向如何都將成為店家們探尋的問題。

8.1　虛擬實境面臨的問題

　　隨著消費級 Oculus Rift 的誕生，「虛擬實境」漸漸占據人們的視線，但是依然有諸多爭議：如何讓虛擬實境技術成為主流？虛擬實境內容，除遊戲、電影之外是否還能看到更廣闊的商機？虛擬實境除了占據人們的視線，會對人們的生活造成一定的影響嗎？

　　虛擬實境異軍突起，各類虛擬實境產品接二連三地出現，投資、併購等消息也不斷傳出，BAT 三大龍頭更是早就布局，可以看到，企業家們對虛擬實境的前景是十分看好的，似乎虛擬實境已經真正地迎來了「元年」。

　　但是真實情況是這樣嗎？虛擬實境的發展真的有表面上看上去那麼好嗎？根據某機構數據顯示，目前市場上被期待最多的 Oculus Rift 並沒有達到預期銷量，而其他的產品更不用說了，本節筆者將向大家介紹 VR 設備需要面對的一些問題，如下圖所示。

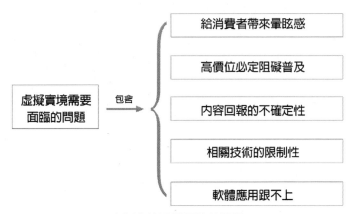

虛擬實境需要面臨的問題

8.1.1 給消費者帶來暈眩感

　　虛擬實境技術面臨的第一個問題，就是會為使用者帶來暈眩感，這種暈眩感會造成虛擬實境體驗感不好，讓人不能以最舒適的狀態進入虛擬實境世界。

　　如何避免這種暈眩感成為了一個極大的挑戰，暈眩感帶來的不僅僅是降低視覺上的體驗效果，更大的問題是對人類本身造成不適，很多人在嘗試虛擬實境設備的時候，無論如何也不能避免設備帶來的這種暈眩感，而且嚴重時，還容易產生想要嘔吐的感覺，這就會讓消費者產生如下圖所示的想法。

消費者的想法

165

三星與 Oculus 提示使用者在使用一定時間後最好休息一下，並且警告使用者如果感到不適，就不能進行駕駛、騎腳踏車等操作行為。

而針對 VR 技術帶來的這一系列問題，有人指出：虛擬實境設備造成這種噁心、疲勞與頭痛的體驗，必定會影響其未來的普及和擴張。

一種產品想要在市場上進行擴張，就不能忽略消費者的體驗，而虛擬實境設備帶來的這種暈眩感，正是店家們亟待解決的問題之一。

8.1.2　高價位必定阻礙普及

除了體驗感不好之外，虛擬實境設備高價位也必定是阻礙普及發展的重要原因之一，人們在購買的時候是否會多考慮一下、多猶豫一下呢？因此，對於 VR 設備價格過高的問題，也是店家需要考慮的問題之一。

雖然普通的電腦或者常規手機就能夠嘗試虛擬實境，讓人們享受到虛擬實境視覺效果，但是如果使用者想要達到視覺體驗的尖端的 VR 設備就需要高規格電腦來支持，而高規格電腦再搭配 VR 設備的價格就會更加昂貴。

8.1.3　內容報酬的不確定性

VR 距離在消費者群中普及還有多遠？如果不能確保 VR 內容的補給，那麼 VR 的普及還需要很長的一段時間。

想要推廣虛擬實境技術，就要確保內容的報酬率和內容的開發和產出，目前 VR 技術的投入成本高，遠大於 VR 技術的報酬率，

同時 VR 內容的產出又影響著 VR 技術的報酬率，因此想要提升 VR 技術的報酬率，就一定要提高內容的產出。

　　VR 原創內容常常困擾著內容開發商，而能夠被使用者接受的 VR 原創內容更是加大了它的難度，因此虛擬實境當前面臨的一個很大的挑戰，可以總結成如下圖所示的內容。

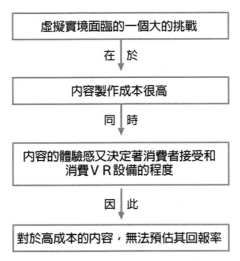

虛擬實境面臨的一個很大的挑戰

　　店家們想要提高使用者的購買率、內容的報酬率，就必須創造開發出更優秀、更有價值的原創內容。

8.1.4　相關技術的限制性

　　有人說：內容的缺失其實就是技術的不足。所以 VR 內容的製作，往往不得不放低對某些方面的要求，如果在影像渲染上，需要占用大量的資源，那麼，技術的不足，就會導致在沉浸感上做出一定的妥協。

8.1.5　軟體應用跟不上

在這個智慧型手機普及率越來越高的網路時代，軟體應用成為人們日常生活中不可或缺的一部分，不論是衣食住行，還是娛樂遊戲，都可以透過下載相應的軟體獲得相應的資訊，而對於虛擬實境來說，如果沒有更具創造力的虛擬實境應用軟體或者一款「殺手級」的虛擬實境應用出現，店家想要推廣普及虛擬實境，將會有一定的困難。

8.2　VR 入局者如何打破這一困局

面對這個困局，VR 入局者必須想辦法打破，以適應千變萬化的市場競爭和使用者需求，本節筆者將為大家介紹 YouTube 是如何在這個困局中找到自己的方法。

8.2.1　YouTube：全面支持 VR 影片的上傳和播放

2015 年，YouTube 開始全面支持 VR 影片的上傳和播放，主要從如下圖所示的兩方面入手，讓使用者接受 VR、參與 VR，實現「VR 民主化」。

YouTube 從兩方面入手

那麼 YouTube 是如何在技術創新上實現全民 VR 的雄心的呢？

舉例說明如下圖所示。

YouTube 如何實現全民 VR 的雄心

　　Google 為打造「全產業制式支持」的 VR 藍圖，創建了以 YouTube 為核心的 VR 中心，該 VR 中心主要由三方面構成，如下圖所示。

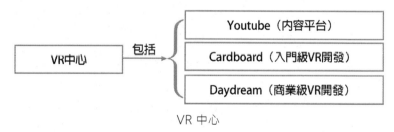

VR 中心

　　YouTube 致力於讓全景攝影機走進普通人的生活，讓所有人都能夠享受到主觀拍攝的樂趣，在 Google 的鼎力支持下，YouTube 希望 VR 變成人人皆可參與的一件事。

8.3　未來虛擬實境的一些想法

VR 產品呈現湧現的趨勢，而各廠商的互動方式也沒有形成統一的標準，因此，未來的虛擬實境會發展成什麼樣？並不是所有人能夠知曉的，但是在這個產業中，不乏資深 VR 人士，他們對虛擬實境的互動方式及發展趨勢進行了一系列預測，如下圖所示。

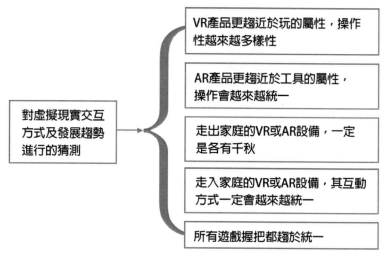

對虛擬實境互動方式及發展趨勢進行的猜測

而相對於目前扁平化的手機操作介面風格，未來的 AR、VR 的介面形式會是怎樣的呢？對於這一點，有人做出預測，認為未來的 AR、VR 的介面形式將會呈現如下圖所示的幾種層遞過程。

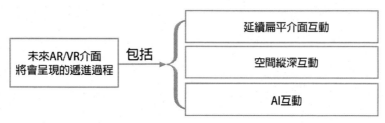

未來 AR、VR 介面將會呈現的遞進過程

8.3.1 延續扁平介面互動

　　未來的幾年裡，虛擬實境的介面可能還會持續扁平化，讓核心資訊被突顯出來，這種介面是目前為止使用者體驗最好的一種介面模式。扁平化的介面互動主要的作用如下圖所示。

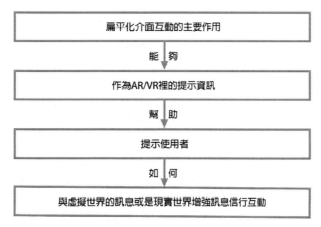

扁平化介面互動的主要作用

專家提醒

　　有人斷定，在未來的很長的一段時間內，扁平化的介面互動會一直存在，不會輕易消失。

171

8.3.2　空間縱深互動

當虛擬實境技術持續不斷地發展下去之後，互動介面會發生更為深刻的變化，在選單上不再是之前的只有 X 軸和 Y 軸的模式，而是會往縱深的方向發展，產生第二級選單。

8.3.3　AI 互動

當技術再繼續發展下去，互動方式將繼續發生變化，不是扁平化，也不是空間縱深式，而是人工智慧。到時候就會出現如下圖所示的場景。

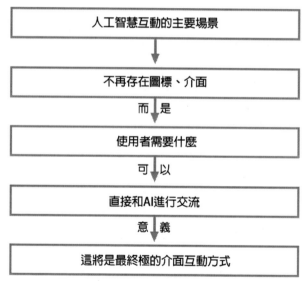

人工智慧互動的主要場景

8.4　虛擬實境的未來動向分析

虛擬實境技術不僅僅是在遊戲和娛樂產業引起變革，在醫療、

影視、教育、社交、建築等各領域,都能帶來顛覆性的創新變革,未來,虛擬實境將給店家帶來無可估量的商機。

虛擬實境未來的商業價值巨大,本節主要為讀者介紹虛擬實境未來的一些商業動向,如下圖所示。

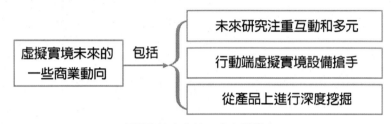

虛擬實境未來的一些商業動向

8.4.1 未來研究注重互動和多元

未來的虛擬實境技術的研究需要考慮到兩方面的內容,如下圖所示。

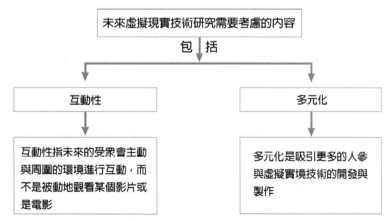

未來虛擬實境技術研究需要考慮的內容

專家提醒

> 目前，參與虛擬實境技術開發的通常是白人男性，而女性
> 或者少數族裔的人很少，不同的人群思想和表達創意的方
> 式不一樣，虛擬實境技術的研究和開發需要考慮到多元化
> 這一特性。

8.4.2　行動裝置虛擬實境設備搶手

手機行動裝置是一個很好的切入口，例如 Google 的
Cardboard 眼罩進入人們的視野，使用者只要將 Cardboard 連接
到智慧型手機上，它就能成為頭戴式顯示器供人們使用，未來，
這種趨勢將會延續下去，越來越多的行動裝置虛擬實境設備會面
向市場。

8.4.3　從產品上深刻發掘

目前市面上的虛擬實境產品，最多的還是虛擬實境頭盔和
虛擬實境眼鏡，未來的虛擬實境產品，可能包括如下圖所示的幾
大系統。

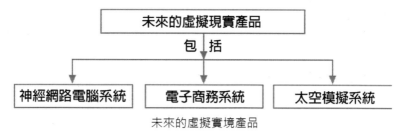

未來的虛擬實境產品

電子書購買

國家圖書館出版品預行編目資料

虛擬實境輕鬆入門：VR 遊戲 X 虛擬醫療 X 智
慧車 X 場景行銷 / 劉向東編著 . -- 第一版 . -- 臺
北市：清文華泉事業有限公司 , 2021.10
  面； 公分
ISBN 978-986-5486-83-9(平裝)
1. 虛擬實境
312.8   110015280

虛擬實境輕鬆入門：VR 遊戲╳虛擬醫療╳智慧車╳ 場景行銷

編　　著：劉向東

發　行　人：黃振庭

出　版　者：清文華泉事業有限公司

發　行　者：清文華泉事業有限公司

E - m a i l：sonbookservice@gmail.com

粉　絲　頁：https://www.facebook.com/sonbookss/

網　　址：https://sonbook.net/

地　　址：台北市中正區重慶南路一段六十一號八樓 815 室

Rm. 815, 8F., No.61, Sec. 1, Chongqing S. Rd., Zhongzheng Dist., Taipei City 100, Taiwan (R.O.C)

電　　話：(02)2370-3310　　　傳　　真：(02) 2388-1990

印　　刷：京峯彩色印刷有限公司（京峰數位）

─ 版權聲明 ─

定　　價：299 元

發行日期：2020 年 10 月第一版

臉書

蝦皮賣場